名人家风丛书

贵学重德示儿知

——陆游与陆氏家风

本书系2015年马克思主义理论研究和建设工程重大项目暨国家社科基金重大项目“中华优秀传统文化的创造性转化与创新性发展研究”阶段性成果。

名人家风丛书

徐梓 主编

贵学重德示儿知

——陆游与陆氏家风

苑聪雯 著

中原出版传媒集团
中原传媒股份公司

大象出版社
·郑州·

图书在版编目(CIP)数据

贵学重德示儿知：陆游与陆氏家风／苑聪雯著.—郑州：大象出版社，2017.12（2019.2重印）
（名人家风／徐梓主编.第二辑）
ISBN 978-7-5347-9600-5

Ⅰ.①贵… Ⅱ.①苑… Ⅲ.①家庭道德—中国②陆游(1125-1210)—家族—史料 Ⅳ.①B823.1 ②K820.9

中国版本图书馆CIP数据核字(2017)第296247号

名人家风丛书
徐 梓 主编
GUIXUE ZHONGDE SHIERZHI
贵学重德示儿知
——陆游与陆氏家风
苑聪雯 著

出 版 人 王刘纯
总 策 划 郑强胜
责任编辑 侯金芳
责任校对 裴红燕
书籍设计 王 敏

出版发行 大象出版社(郑州市郑东新区祥盛街27号 邮政编码450016)
发行科 0371-63863551 总编室 0371-65597936
网 址 www.daxiang.cn
印 刷 洛阳和众印刷有限公司
经 销 各地新华书店经销
开 本 890mm×1240mm 1/32
印 张 6.75
字 数 141千字
版 次 2017年12月第1版 2019年2月第3次印刷
定 价 16.50元

印厂地址 洛阳市高新区丰华路三号
邮政编码 471003 电话 0379-64606268

总　序

一个人有一个人的气质，一个国家有一个国家的性格。一个家庭在长期的延续过程中，也会形成自己独特的风气。这样一种看不见的风尚习惯、摸不着的精神风貌，以一种隐性的形态存在于特定家庭的日常生活之中，家庭成员的一举手、一投足，无不体现出这样一种习性。这就是家风。

“家风”一词，最早见于西晋著名文学家潘岳的诗中。与潘岳有“双璧”之称的夏侯湛，自恃文才超群，将《诗经》中有目无文的六篇“笙诗”补缀成篇。潘岳为与友人唱和，写作了《家风诗》。在这首诗中，作者通过歌颂祖德、称美自己的家族传统以自勉。

“家风”又称“门风”，这个词语在西晋出现并在随后流行，显然和“士族”“世族”“势族”“大族”“世家大族”成为社会上的统治力量有关。无论是以宗族为根基、以武力为特质的地方豪族，还是以官宦为标志、以文化为表征的名家大姓，他们政治上累世贵显，经济上广占土地，文化上世传家学，垄断了全社会的主要资源。除通过九品中正制和婚姻关系来维护门阀制度之外，他们还自矜门户、标树家风，用以抵御皇权和寒人的侵渔。正因为如此，两晋以后，这个词语渐次流行。从发轫之初，“家风”就往往和“门风”互用。我们可以将它理解为家庭的风气，将它看作一个家庭的传统、一个家庭的文化。

传统作为人类代代相传的行事方式，是从过去延传到现在的事物。没有经过较长时间的过滤和沉淀，就形成不了传统。在《论传统》的作者希尔斯看来，至少要持续三代人，才能成为传统。尽管世代本身的长短不一，但无论是信仰还是行动范式要成为传统，至少需要三代人的两次延传。家风作为特定家庭的传统，是该家庭长时期历史汰选、传统沉淀的结果，是一辈又一辈先人生活的结晶。在历史文献中，“家风”或与“世德”共举，或与“世业”并称，足见家风有别于时尚，而与“世”即很多年代、好几辈子紧密关联。在时间上持续的短暂性是时尚的特征，而家风则是历经延传并持久存在，或者在子孙后代身上一再出现的东西。正是在这个意义上，历史文献中提及“家风”一词，往往蕴含对传统的继承。如比比皆是的“不坠家风”“世守家风”“克绍家风”“世其家风”及“家风克嗣”等，无不体现了这一特点。

有一种观点认为，家风必须是健康的、积极向上的，否则，不能称之为家风。实际上，这只是说者的一种期许、一种渴盼，家风本身并不蕴含这样的意味。否则，“良好家风”就是毫无意义的同义反复。正如“文化”是使民族之间表现出差异性的东西，时时表现着一个民族的自我和特色一样，家风作为家庭的文化和传统，表现的也是一个家庭的气质和风习，反映出一个家庭与其他家庭的不同之处。它完全是一个中性的概念，并不必然具有正面的意义。有的家风可能是勤奋俭朴、为人忠厚、待人有礼，也有的家风可能是狡诈刻薄、游荡为非、跋扈凶横。如同一所学校、一个班级的风习我们称之为校风、班风，而校风有好坏之分，班风有高下之别，并不总是值得弘扬一样，家风同样也有不良的，并不都是传家宝。正因为如此，对家风或门风则就既有称誉，也有贬损。即便是在传统社会，被视为传家久、继世长的，也只有耕读、忠厚、清廉这样一些美好的品质。

的确，家风的特征在前现代、在乡村社会、在大家庭中表现得十分鲜明，格外生动，而在现代城市家庭中却不那么明显。但是，只要一个组织存在，就会有这个组织的文化，特别是这个组织如果有历史的厚重，有传统的积淀，就更是如此。作为家庭的文化，家风是附丽于家庭而存在的，只要有家庭，就会有家风。家风并不必然会因为农村的城市化、大家族被小家庭所取代而丧失，或者说，随着历史的演进，社会情势的变化，家风的具体内容肯定会有变化，但家风仍然会存在。在社会结构和家庭结构都发生了革命性变革的当今社会，人们感叹“家风”的荡然无存，其实是指家庭所秉持的“只耕田，只读书，自然富贵；不欠债，不健讼，何等安宁”这样一些古典原则的式微，是指“耕读两途，读可荣身耕可富；勤俭二字，勤能创业俭能盈”这样一些传统内容的沦落，是“志欲光前，惟是诗书教子；心存裕后，莫如勤俭传家”这样一些旧时理念的散淡，而不是家风本身的消逝。

此外，家风不同于家规。虽然这两个词都与家庭教育相关，但它们有着本质的差异。

家规是家庭或家族中的规矩，是家人所必须遵守的规范或法度，是父祖长辈为后代子孙所制定的立身处世、居家治生的原则和教条。它是借助尊长的权威，加之于子孙族众的又一重道德约束，有的甚至具有法律效力。它有家训、家诫、家仪、家教、家法、家约、家矩、家则、家政、家制等名义，有敬祖宗、睦宗族、教子孙、慎婚嫁、务本业、励勤奋、尚节俭等多方面的内容，是行于口头、针对性强的具体教诫，是见诸家书、目的明确的谆谆训诲，是载诸家谱、可供讽诵的文本规条。家规可以有多种分类，如：根据其表现形式，可以分为教诫活动的家规和文献形式的家规两种；根据内容，则可以分为针对一人一事、起因明确、内容具体、结果显豁的非规范性家规和针对整个人生、涉及方方面面的规范性家规。有的家规，着重家庭子弟的道德修养，教授为人处世要法；有的家规，集中居家治生，以至是祠堂、义庄、学塾等的管理规条。但无论如何，相对于家风，家规一个总的特点是有形的，是可视可见的。

一个家庭的家风有别于这个家庭世代相传的道德准则和处世方法，它是一个家庭的性格特征。虽然它一旦形成，也就成为教化的资源，对家族子弟具有熏染影响、沾溉浸濡的意义，但它是一种不必刻意教诫或传授，仅仅通过耳濡目染就能获得的精神气质，具有“润物细无声”的作用。历史文献中的“渐渍家风”，就极为生动形象地诠释了这一过程。通俗地说，我们可以把家规看作教化家人的教科书，而家风则是经由长期教化后的结果。

2014年春节期间，中央电视台的“家风”系列报道，引起了社会的热烈反响和高度认同。这一报道对于引导人们自觉省思，培植良好的家风，构建和谐的家庭关系，夯实家庭这一社会的堡垒，进而培养全社会的良风美俗，疗治现今社会的乱象，无疑具有积极的意义。正是基于这样一种用心，《寻根》杂志主编郑强胜代表大象出版社，约请我主编这套“名人家风丛书”。

第一辑十种出版之后，广受读者好评、社会欢迎。众多媒体都曾予以推荐，并入选国家新闻出版广电总局向全国青少年推荐百种优秀出版物、入选第二届中华优秀传统文化普及图书50种图书推荐目录，出版社也一印再印。受这种情势鼓舞，强胜兄按此前我们商议好的计划，不失时机地敦促我们启动了第二辑的编写工作。2016年5月18日，他给我发来了《“名人家风丛书”第二辑编写建议》，第二辑的编写工作由此启动。

受2015年马克思主义理论研究和建设工程重大项目暨国家社科基金重大项目“中华优秀传统文化的创造性转化与创新性发展研究”首席专家于丹教授的邀请，我担任了这一课题子课题“当代中国伦理文明与家教门风的重建”的负责人一职。本辑十种的编写，也是该子课题研究工作的一部分，并受到了该课题的资助，王立刚居中做了大量的工作。

本辑的编写者，依然主要是我的学生，也吸纳了个别对此有热情、有研究的朋友参加。由于时间仓促，特别是水平所限，其中肯定会有这样或那样的问题，诚挚地希望读者不吝赐教，以便我们把这项工作做得更好。

北京师范大学国学经典教育研究中心 徐梓

2018年1月

目录

引　言　1

第一章　赤心报国　3

第一节　父辈激儿爱国心　5

第二节　一身报国有万死　14

第三节　家祭如何告乃翁　22

第二章　嗜书笃学　33

第一节　我今仅守诗书业　35

第二节　七世相传一束书　48

第三节　不及同君叩老师　64

第四节　莫改家传折角巾　75

第三章　居官忠廉　81

第一节　我年十六游名场　83

第二节　位卑未敢忘国忧　95

第三节　长成勉作功名计　109

第四章　世守农桑　115
第一节　春耕秋钓旧家风　117
第二节　白首为农信乐哉　120
第三节　愿儿力耕足衣食　131

第五章　贵德艺兼　139
第一节　唯要闭门修孝悌　142
第二节　从来简俭作家风　151
第三节　遥遥桑芒家风在　164
第四节　勿与浮薄者游处　175
第五节　棋子声疏识苦心　183
第六节　心空万象提寸管　189

参考文献　197

引　言

悠悠五千年，看不尽的兴衰治乱，数不清的悲欢离合，一代又一代的古圣先贤，为了实现“修身、齐家、治国、平天下”的理想，孜孜以求。在苦苦奋斗中，他们洞察了古往今来的人情世故，参透了天地宇宙的玄机，于是便以“过来人”的身份向家中后辈传授为人处世、修身养性的秘诀与法宝。

无论是片纸短章，抑或是口传心授，都是父祖辈教导后辈忠孝传家、治学修业的金玉良言。他们将对家族晚辈的殷殷叮咛，写为言之亲切的家书，作为朗朗上口的诗歌，编为言简意赅的格言……各个朝代都有特有的表现方式，如唐有经书，北宋有格言、说，南宋出现诗鉴、词、条规等。唐宋盛行“诗教”，即大量运用诗歌的形式训诫子孙，将中国古代的诗训推到一个新的高度。

“历代与‘示子’内容有关的诗歌尽管难以数计，但真正在文学史上占有一席之位的却为数不多，至于能够占重要地位的可以说只有陆游一家。”“六十年间万首诗”的诗人陆游，是个“日课一首”的勤奋诗人。流传到今日的《剑南诗稿》85卷，有诗9000余首。其中，专门训子或者言及教子的就有191首之多。他将吴郡陆氏一族的儒雅继世，自己做人、做学、做官的智慧灵光注入诗中。字里行间，既洋溢着这位爱国诗人热忱的报国之心，又饱含着一位慈祥的老者对子孙们的浓浓亲情。对子孙立身处世、持家治业的教诲和言行规范中有记挂、有担心、有劝勉，至情殷切的谆谆教诲背后分明是一份血浓于水的关爱。吴郡陆氏家族的子孙无论走到哪里，都能听到透过纷繁历史长空的那声嘘寒问暖。

第一章

赤心报国

生于北宋覆亡的前夕、身历了神州沉沦之恨的陆游，幼年跟随家人颠沛逃难。从那时起，他的命运就与国家、百姓的命运联系在一起了。家庭对陆游爱国思想的影响非常重要，父辈交往中的忠义之情、凛然之气，无不深深地刻在少年陆游的心中。正是这种家庭亲友间爱国思想和高尚情操的耳濡目染，如同入芝兰之室，出则身心俱馨，给予陆游来自强大榜样的精神滋润。

陆游的一生充满了请缨无路的悲愤，最终赍志以殁，谁又能理解他的心路历程呢？在少壮之年，他已自许“塞上长城”，可是直到老年，还夜泊水村，一筹莫展！但他坚信自己仍可以从军远征，杀敌制胜。“腰间羽箭久凋零，太息燕然未勒铭。老子犹堪绝大漠，诸君何至泣新亭。一身报国有万死，双鬓向人无再青。记取江湖泊船处，卧闻新雁落寒汀。”（陆游：《夜泊水村》）

直到陆游生命的尽头，现实依然是家国难在的惨况。陆游那颗炽热的爱国之心依然不舍得停止，唯有以笔写心。弥留之际的陆游从昏迷中苏醒过来，眼睛里闪过一丝光，他挣扎着坐起来，颤巍巍地提起笔来，在纸上歪歪斜斜地写下："死去元知万事空，但悲不见九州同。王师北定中原日，家祭无忘告乃翁。"一首《示儿》诗，寄托着诗人在临终前无穷的希望，这是陆游声断气绝的拼命呐喊，是呕心沥血的深情表白，是气贯云天的浩然离别，更是念念不忘的殷殷告诫。

第一节　父辈激儿爱国心

陆游的家乡是山明水秀、风光如画的浙江绍兴，他的祖辈经由科举考试之路踏进仕途，从此步入大宋王朝的政治体系，拥有了相对显赫的权势与地位。到陆游出生时，陆家已是几代为官的仕宦家庭。陆游的祖父陆佃是北宋大政治家王安石的学生，少年时居贫苦学，后来成为北宋有名的经学家、史学家和诗人。徽宗时，官至尚书左丞。陆游的父亲陆宰在北宋末做过吏部尚书、淮南计度转运副使等职，南渡后退居山阴故居，经常与主战派来往。

陆游出生之时，适逢父亲陆宰奉诏入朝，调任他职。宣和七年（1125）十月，时任直秘阁、淮南计度转运副使的陆宰接到上谕，赴京述职。他带着家眷从寿春出发，打算乘船由淮河入汴水，到达京城开封。

宣和七年十月十七日，苍茫暮色中眼看夕阳渐渐西沉。陆宰一家乘坐的官船正安稳地行驶于淮河中流，霎时间天空乌云密布，狂风大作，滚雷震天，暴雨倾盆而下，水势骤涨。狂风掀着波浪，江水翻涌，船被吹得东摇西晃，就在众人被这突如其来的暴风雨吓得惊慌失措时，陆宰的夫人唐氏痛苦地呻吟起来，恐怕是要临盆了。船上的女人们全部忙乱起来，杂乱的脚步声不停地响着。就在众人焦急地等待之时，颠荡的小舟上传出清亮的婴儿的啼哭声。这个迎着暴风雨来到人间的婴孩，就是被后人誉为“亘古男儿一放翁”的爱国诗人陆游。

陆游一生都牢记着父母向他描述的出生淮河之滨时那不寻常的场景，以至于到了古稀之年，还写诗回忆自己出生时的情形：“我生急雨暗淮天，出没蛟鼍浪入船。白首功名无尺寸，茅檐还听雨声眠。”（陆游：《十月十七日予生日也孤村风雨萧然偶得二绝句》）寥寥数语便概括了自己仓促的出生。这个在暴风雨中出生的孩子，命中注定与众不同。如果世间尽是和平，这个出身在官宦世家、书香门第的孩子，定会过着安稳的日子。

陆诗说：“宣和七年冬十月，犹是中原无事时。”（陆游：《十月十七日予生日也孤村风雨萧然偶得二绝句》）意思是说他出生的那年冬天十月，中原太平无事，依然是一派承平的气象。正如孟元老在《东京梦华录》序中所说的：“青楼画阁，绣户珠帘，雕车竞驻于天街，宝马争驰于御路。金翠耀目，罗绮飘香。新声巧奏于柳陌花衢，按管调弦于茶坊酒肆。”这是宋人记宋朝，是北宋东京繁华富丽的真实写照。然而，所谓的“无事”与太平盛世只是表面上的平静，其实当时北宋底气已虚，一场大难已经悄悄逼近了。

宣和七年十月，金太宗下诏分东、西两路侵宋：西路军自云中起兵，目标是太原；东路军由平州进攻燕京。宋王朝帝昏、官多、兵冗、政弊、费奢本已是不治之症，根本无法抵御强悍的金兵，紧急军报像雪片一样飞进东京。

此时的陆宰刚刚调任京西路转运副使，负责开封以西泽州、潞州一带军队的补养。这时金兵南侵的消息已经传来，时局愈见紧张。陆宰匆匆把家眷安置在河南荥阳，便独自赴任，奔忙劳碌于支援太原保卫战物资的调度和运输之间。在陆宰等人竭尽全力的支援和太原官民的死战下，太原成为这次金兵南侵宋朝的战争中坚守时间最长的一座城池，长达四个月之久。

就在陆宰到任后不久，金兵一路战火燎原，西路军在太原城遭到宋军顽强抵抗，相持不下；东路军进展顺利，一路陷蓟州，破檀州，攻下燕山府，长驱直入，直逼北宋国都开封。

面对金人的凌厉攻势，宋徽宗急得像热锅上的蚂蚁，整日忧心忡忡，不知如何是好。这位皇帝虽然在艺术方面称得上多才多艺，纤美精雅的“瘦金体”书法和花鸟画作品向来颇得世人称道，但他统治的国家却江河日下。如今，金兵逼临到东京城下，这个一直耽于享乐的道君皇帝被吓得昏厥，仓促地将皇位让给了太子赵桓（宋钦宗），自己则带着心腹以进香的理由出逃至镇江。同样昏庸无能的钦宗赵桓无法支撑这摇摇欲坠的大厦，在极度恐慌中为求自保，接受了金人的苛刻要求，赔偿金银，割让太原、中山、河间三镇以求妥协苟安。从此天下大乱，北宋王朝就像株根已朽且百病丛生的大树，在风雨中最后只得连根拔起颓然倒地。

靖康元年（1126）四月，陆宰遭到御史徐秉哲的弹劾而被免职。被罢免的理由，据《宋会要》的记载是，靖康元年四月“八日，直秘阁、京西路转运副使陆宰落职送吏部，以臣僚言河阳郑州当兵马之冲，宰为漕臣，未尝过而问”。

徐秉哲为何会排挤陆宰？当然还是由于统治者内部的权力争夺——主战与主和之争。权力永远是政治角逐的对象，即使宋室即将倾覆之时也不例外。主和者不恤国事、唯谋私利，扶植自己的势力，排除主战派，陆宰也是被卷入其中的官员。

在这次变故中，陆宰清楚地看到朝廷中的党争和相互倾轧，看清了官场的污浊和许多不堪的内幕，看清了投降派在朝廷中盘根错节、势力炽盛，而深感自己无力与之抗衡，所以只好选择韬光养晦。他未做任何申辩，索性辞官居家，于当年的秋冬之际，带着全家从东京南归了。

陆游曾在《太平花》一诗中，形象地描写了自己还在扶着床踉跄学步时就随家人离开东京时的情景："扶床踉跄出京华，头白车书未一家。宵旰至今劳圣主，泪痕空对太平花。"那时正值金兵大举南侵，沿途风声鹤唳，兵荒马乱，流民遍野。原来，在开封之围解除之后，宋人无意履行盟约，明确表示拒绝割让三镇。金人在震怒之余，在靖康元年八月，以完颜宗翰和刚提升为右副元帅的完颜宗望为主帅，再次兵分两路出兵伐宋。十一月，完颜宗翰率西路军与东路军会师开封城下。

外族的入侵，社会的动荡，给普通民众带来的首先是离乱、逃难和漂泊。战乱时期，摆在民族面前的首要任务是抗战、还击，然而对大多数人来说，首先却是求个体的生存，保全性命。"老弱扶携于道路，饥疲蒙犯于风霜。徒从或苦于绎骚，程顿不无于烦费。"为了生存，北方的民众纷纷南徙。百姓在金兵的铁蹄下哭号，成千上万的老百姓背井离乡、转死沟甃，再加上疫病流行，饿死、病死者不计其数。幼小的陆游看到金兵南侵给人民带来的苦难，在心中留下了深刻的印象，这就成为他的爱国主义思想的生活基础。

在山河沉寂、家国破碎的风烟中，陆游一家也卷入四处流离的难民洪流中，开始了颠沛逃难的生涯。从那时起，诗人陆游的命运就与国家、百姓的命运联系在一起了。陆游的父母带着他自中原“渡河沿汴、涉淮绝江，间关兵间以归”，天天在提心吊胆中过日子，一路上随时都有生命危险。陆游的人生第一课就是在战乱中逃难，有时金兵追来，他们便只得躲伏在草丛间，人人心惊胆战，饿了只能吃点儿干粮，常常十多天吃不上一顿热饭。这种危险的经历给幼年的陆游留下了很深的印象，他后来把当时的情形写进了诗里。在《三山杜门作歌》中，陆游回忆了这段随父南逃的苦难生活：“我生学步逢丧乱，家在中原厌奔窜。淮边夜闻贼马嘶，跳去不待鸡号旦。人怀一饼草间伏，往往经旬不炊爨。”铁骑纵横，狼烟滚滚，金兵所到之处，生灵涂炭。离乱之际，惶恐哀伤，是陆游一生中最深刻的童年记忆。

建炎三年（1129），金兵突破长江天险，破建康，进逼杭州。第二年，战火逐渐烧到了陆游的故乡山阴。敌兵所到之处，田园庐舍尽成焦土。存亡旦夕之际，上有老母、下有妻儿的陆宰不知带着一家老小逃往何处，一时乱了阵脚。急难中的陆宰忽听相识的惟悟道人谈起浙江东阳县的陈彦声，一时大喜过望，认为此人定是当世英雄，可以生死相托，于是又带着一家人奔赴东阳。

六岁的陆游不得不再次踏上逃难的路程，随父避居东阳。在《杂兴》

诗中，他写道：“家本徙寿春，遭乱建炎初。南来避狂寇，乃复遇强胡。于时髡两髦，几不保头颅。乱定不敢归，三载东阳居。”陆游一家人从山阴来到东阳，住在当地颇有声望的豪杰之士陈彦声家里。此人是一个地方武装力量的领袖人物，在宣和、建炎年间曾两度组织群众抗金，抵御外敌入侵，保卫自己的家园。后来，在悼念陈彦声的墓志铭中，陆游赞颂其“名宗誉，其义可依，其勇可恃”。

陆游一家在东阳居住三年，一直受到陈彦声的保护和照料，到绍兴三年（1133）春天才返回故乡山阴。陈彦声那豪侠义勇的言谈、保境安民的爱国行动，深深地触动了年幼的陆游，使他懂得只有举国一致，精诚团结，共同抗击强敌，才能收复河山。陆游一生坚持抗金救国，至死不渝，与他从小受陈彦声的影响不无关系。

家庭对陆游爱国思想的影响也非常重要，他的父亲陆宰是一个具有爱国思想的知识分子，向来慷慨任气，不畏权贵，疾恶如仇。早在北宋末年，大多数官员都对权倾朝野的蔡京心存畏惧，朝野一片万马齐喑。陆宰目睹奸臣蔡京的种种劣行，敢对其进行直言不讳的嘲讽。

陆游在《家世旧闻》中，以较多的篇幅记载陆宰的言行。例如：担任淮西提举常平时，为五代时被周世宗赞为“尽忠所事，抗节无亏”的刘仁赡建庙；在“饷军河东”时，到滑州铁枪寺拜谒五代时宁死也不背叛后梁的王彦章画像，并题匾额；在潞州时，拜谒忠臣裴约庙。

对陆宰所做的这三件事，陆游曾说：“五代所谓全节三人者，相去数千里，而皆尝谒其像，一为筑庙乞额，二为书榜，似非偶然。”诚如欧阳修所说：世乱识忠臣。陆宰做这三件事的时间，正是国家在危亡之际。陆宰这样做的意义，不仅是在表达一个当代忠臣对古代忠臣的景仰，也是在表达一个忠臣的爱国情怀和对国家未来的担忧，从中可以看出陆宰正直无私、忠心报国的精神品质。

南渡后，宋王朝一直处于风雨飘摇之中，外有强兵压境，内有奸臣当道。当时的南宋朝廷只顾享乐，偏安江南，对中原大地陷落敌手，徽、钦二帝囚居金国置若罔闻。

朝代兴衰更替，自古有之，但在国家危难之际，忠君保国的仁义之士也不在少数，陆宰便是其中一位。陆宰对沦陷于异族铁蹄下的故土充满了深厚的情意。在宋金关系问题上，他是主张恢复中原的主战派人士。陆宰虽遭到主和派权相秦桧的嫉恨与排斥，在政治上一直受到压抑，被迫退居山阴，但是在投闲置散中，他依旧关注时局，对朝廷之腐败、政局之动荡时有耳闻，也未尝忘怀国事，既为国家民族的命运担心，又痛感朝廷苟且偷安而自己却无能为力，内心无比沉重。

陆宰与主张抗战的忠君爱国之士彼此交心，如李光、傅崧卿、张浚、周聿等，常聚在一起谈论国家、民族兴衰大事。他们的爱国立场、铮铮铁骨、浩然正气，对陆游来说就是最生动的爱国主义教育。陆游后来曾在《跋傅给事帖》《傅给事外制集序》《跋周侍郎奏稿》中多次回忆当时父亲与这些气节之士交往的情景："某未成童时，公过先少师，每获出拜侍立，被公教诲……公自政和讫绍兴，阅世变多矣，白首一节，不少屈于权贵，不附时论以苟登用。每言虏，言畔臣，必愤然扼腕裂眦，有不与俱生之意。士大夫稍有退缩者，辄正色责之若仇。一时士气，为之振起。"

身为忠贞护国之臣的儿子，年幼的陆游常站在一旁，静听父辈谈话，家国之心，油然而生。他“亲见当时士大夫，相与言及国事，或裂眦嚼齿，或流涕痛哭。人人自期以杀身翊戴王室，虽丑裔方张，视之蔑如也。卒能使虏消沮退缩，自遣行人请盟。会秦丞相桧用事，掠以为功，变恢复为和戎，非复诸公初意矣。志士仁人抱愤入地者，可胜数哉”。当他们谈到悲愤之处，有的拍案大骂，怒发冲冠，有的义愤填膺，辄相泪垂，情感之激越使得陆游的幼小心灵受到触动。通览这段文字，充溢在字里行间的，是父辈对于国家、民族命运的高度关注和强烈的责任感。虽然已过了漫长岁月，年逾八旬的陆游每每回忆起此情此景，前尘往事还历历在目，可见其受教之深。

李光与父亲的交往，给陆游留下了尤为深刻的印象。陆游在《跋李庄简公家书》一文中，记述了两人谈及时政时的境况：“李丈参政罢政归乡里时，年二十矣。时时来访先君，剧谈终日。每言秦氏，必曰咸阳，愤切慨慷，形于色辞。一日平旦来，共饭，谓先君曰：‘闻赵相过岭，悲忧出涕。仆不然，谪命下，青鞋布袜行矣，岂能作儿女态耶！’方言此时，目如炬，声如钟，其英伟刚毅之气，使人兴起。后四十年，偶读公家书，虽徙海表，气不少衰。丁宁训戒之语，皆足垂范百世，犹想见其道‘青鞋布袜’时也。”早在李光罢政东归奉祠还里及任绍兴知府时，居住绍兴新河，常与相距不远的陆宰来往，关系密切，两人谈得很投缘，一谈就是一整天。

对于李光这样一位爱国前辈，陆游是深怀敬仰之情的。中国古代士大夫素有“明哲保身”的人生哲学，李光却反其道而行之，为官多年一向以刚正不阿、不事权贵而著称。李光在南渡后任参知政事，一直力主抗战。在绍兴和议时，秦桧要撤淮南守备，夺诸将兵权。国家危难之际，李光挺身而出，公然提出反对意见，认为金人“狼子野心，和不可恃，备不可撤”，还与秦桧发生尖锐的正面冲突。一次，当着高宗的面，痛斥秦桧说：“观桧之意，是欲壅蔽陛下耳目，盗弄国权，怀奸误国，不可不察。”这令秦桧对其恨之入骨，指使殿中侍御史何铸弹劾李光“狂悖失礼”。后来，李光又遭到秦桧一党的打击报复和诬陷迫害，屡次被贬，曾以“必欲动摇国论”的罪名被谪海南岛达八年之久。而在被贬之后，李光仍旧意志坚强，风骨凛然。

父辈交往中的忠义之情、凛然之气，无不深深地刻在少年陆游的心中。正是这种家庭亲友间爱国思想和高尚情操的耳濡目染，如同入芝兰之室，出则身心俱馨，给予了陆游来自强大榜样的精神滋润，使他在少年时就有了“少小遇丧乱，妄意忧元元”的忧国忧民的思想和“上马击狂胡，下马草军书”的杀敌报国的壮志。陆游不仅“少小喜读书”，12岁能诗文，而且还刻苦研读兵书，练习剑术，曾“少年学剑白猿公”。

第二节　一身报国有万死

每个人在病榻弥留之际，回首平生，心中无不百感交集。环顾守在身旁的家人，儿女情深、夫妻情长，要抒发的感慨、要留下的语言，千头万绪。世间常人的遗嘱，不外乎儿孙的立身处世或遗产问题，且不说芸芸众生，就是三国时期半生戎马、被誉为乱世枭雄的曹操，在临终之前不也是牵挂众妻妾日后的生计？建安二十五年（220）正月，曹操病逝于洛阳，临终前留下一份遗嘱，将余香分给众夫人，并嘱咐她们学着做鞋以卖钱为生。

与《遗令》中满是“卖履分香”鸡零狗碎的曹孟德不同，一生以收复故国河山为已任的陆游，在自己生命的最后时光，对人生荣辱毁誉已经看淡，唯有对收复中原矢志不渝，作下一首《示儿》诗，“忠愤之气，落落二十八字间”。

嘉定元年（1208），是农历的龙年，陆游安然走过了这一年。龙年过尽，照例又是蛇年到了。嘉定二年（1209）正月初七，是传统民俗中的人日。传说女娲初创世，在造出鸡、狗、猪、牛、马等动物后，于第七天造出了人，所以这一天是人类的生日。这一天还有个讲究，古人认为可以通过人日的天气来预测一年的吉凶祸福：若天气晴朗、温暖，则平安吉祥；若风雨阴寒，则预示灾病流行。这一天，体力日感不支的陆游望着窗外连绵的雪雨，想起了古人关于龙蛇之年与贤者生命关系的说法。

"龙蛇年"，可以实指逢辰龙逢巳蛇之年，除了年份，兼含凶岁的意思，这源于一个汉代的小故事。东汉时通儒郑玄，弟子数千，他对前代典籍的注释，作为一种很有文化价值的解读流传下来。关于郑玄的辞世，留下"岁在龙蛇"的典故。"五年春，梦孔子告之曰：'起，起，今年岁在辰，来年岁在巳。'既寤，以谶合之，知当命终，有顷寝疾。"据《后汉书·郑玄传》记载，在建安五年（200）的春天，郑玄梦见孔子告诉他说："起来，起来，今年是庚辰年，明年就是辛巳年。"郑玄醒来后，根据谶纬推算，知道自己寿命将尽，不久便卧病在床，当年六月就去世了。因此，就有了"岁在龙蛇，人生多蹇"的说法。

龙蛇之年，对"贤人"更是不吉利的。陆游此时似乎已有不好的预感，他不时地宽慰自己"非贤那畏蛇年至"，却仍掩不住自心底升起的那种沉重的不祥预感。这一年陆游病况复杂，时好时坏，不幸的是一语成谶，陆游最终还是没能从容地迈过流年之坎儿，死在当年的农历十二月。

陆游一片耿耿忠心，终成虚话，"死前恨不见中原"，在一息尚存之时，用尽最后一点力气，唱出如此凄怆沉痛的悲歌。这既是他的绝笔，也是他的遗嘱，以"北定中原"来表达他生命中的最后意愿，以"无忘告乃翁”作为对亲人的最后嘱咐。

陆游的爱国热情是那样的炽烈喷涌，不可遏止，这与他所处的历史时代与独特的个人经历密切相关。

陆游生于北宋覆亡的前夕，身历了神州沉沦之恨。陆游出生的那年（1125），正值北宋政权崩溃的前夕。国家的内忧外患空前紧张，北宋与金联合进攻辽国，辽天祚帝在应州被俘，辽国灭亡。但没想到的是，金人的矛头随即指向了积贫积弱的北宋。第二年，“靖康之难”就发生了，金兵占领了北宋的都城汴京，除烧杀抢掠之外，还俘虏了徽、钦二帝北去。不仅如此，金人在北上时一路烧杀抢夺，奸淫掳掠，无恶不作。在宋人徐梦莘编著的《三朝北盟会编》中，对金人的恶行有着这样的记录：“京城之外坟垄悉遭掘出尸，取其棺为马槽。杀人如割麻，臭闻数百里。以故数大疫死者过半。”从这段文字可以看出，金人把宋人的墓冢挖开，取棺木而做马槽，把尸体抛于荒野，导致瘟疫暴发，因此而亡者非常多。当时，金人诸如此类的恶行，令人发指，因此，大量北方人为躲避金人的掠杀凌辱，纷纷离家南渡，在南方重建家园。

金人无理的侵略行为令陆游痛恨不已。他认为“伏闻今昔有不移之形势，华夷有一定之土疆。故彼不可越燕蓟而南侵，犹我不能跨辽碣而北守。尧舜尚无冠带百蛮之理，天地岂忍膻腥诸夏之区”，主张各守所疆以和平共处。然而，金人如虎狼一般贪婪凶狠，无情的铁蹄踏碎了陆游安定幸福的家园。

从小随父逃难的陆游虽饱尝了“儿时万死避胡兵”的辛酸，也和一切有理想、有抱负的年轻人一样，深以南宋屈膝乞和为耻，念念不忘报效国家、收复中原，一直怀揣着“少年志欲扫胡尘”的宏志，向往着“战死士所有，耻复守妻孥”的意气风发的战斗生活。

家园被外族的铁蹄践踏得满目疮痍，破碎的残片插在每一个大宋子民的心上。在南宋军民的心中藏着不甘屈服的气概：“楚虽三户能亡秦，岂有堂堂中国空无人！”

遥想战国末年，秦国对六国发起了攻击，强大的秦军一路所向披靡，韩国、魏国、赵国、燕国等国家相继被秦所灭。此时楚国就成了秦国最顽强的敌人，秦国先后派李信、王翦等大将出战，将楚国歼灭，楚王被俘虏至秦国，终生不得回故土，最后客死他乡。楚国灭亡之后，楚国的人民对暴秦十分痛恨，楚国有一位名叫楚南公的老人就曾悲愤地说：“楚虽三户，亡秦必楚！”意思是，即使楚只存三户人家，也必能报仇灭秦。果然，数十年后，项羽、刘邦不是推翻了暴秦统治吗？陆游追感往事，不禁发出慨叹，何况我们是如此一个大国，我们还有半壁江山，我们还有不甘屈服的南方和北方的人民！

既然大宋子民志气相投，彼此誓约为国同生共死，为何收复中原的期望长久不能实现？陆游愤怒地指出，原因就是统治者只为个人利益打算，而置国家利益于不顾，更不要说希望他们挽救国家危亡了：“诸公可叹善谋身，误国当时岂一秦。不望夷吾出江左，新亭对泣亦无人！”（陆游：《追感往事》）南宋王朝主和投降的官僚，不止秦桧一个人，他们为了一己私利，彼此勾结起来，甚至残酷迫害抗战志士，千方百计阻挠恢复中原。

雄心勃勃的陆游知道，是发愤图强待机北伐以恢复中原，还是屈膝投降以苟安于东南一隅，这直接关系到一朝一代的存与亡。他希望自己能够在收复中原的伟大事业中贡献力量，因此早年也曾梦想着建功立业，出将入相。

但事与愿违，陆游非但从未得到重用，而且多次罢职闲居，平生志业，百无一酬，最后回到故乡山阴，清贫自守。但是虏敌未灭，大功未成，陆游心中则充满了愤懑不平。

“早岁那知世事艰，中原北望气如山。楼船夜雪瓜洲渡，铁马秋风大散关。塞上长城空自许，镜中衰鬓已先斑。《出师》一表真名世，千载谁堪伯仲间。”一首妇孺皆知的《书愤》，交织着陆游抚今追昔时希望与失望的复杂心情。

陆游满怀激奋回顾往事：隆兴元年（1163），自己在镇江府任通判，后又于乾道八年（1172）在南郑任王炎幕僚事。当时他亲临抗金战争的第一线，北望中原，收复故土的豪情壮志坚定如山。

然而岁月蹉跎、年华已逝，赤心为国的陆游未能一展才华。即使是这样，他的爱国热情至老不减，“烈士暮年，壮心不已”，仍渴望效法诸葛亮的“鞠躬尽瘁”，老骥伏枥，干一番与伊尹、吕尚相伯仲的报国大业。

“殷殷忠悃昭日月，烈烈赤忱炳春秋。”诸葛亮折而不挠，兴复汉室的奋斗精神，常常激励着陆游。

> 沔阳道中草离离，卧龙往矣空遗祠。当时典午称猾贼，气丧不敢当王师。定军山前寒食路，至今人祠丞相墓。松风想像梁甫吟，尚忆幡然答三顾。出师一表千载无，远比管乐盖有余。世上俗锦宁办此，高台当日读何书？（陆游：《游诸葛武侯书台》）

诸葛亮对蜀汉的忠贞不贰和北定中原的坚定决心，尽忠益时、济世安邦的献身精神，引起了陆游强烈的情感共鸣。登临诸葛亮读书台的陆游叹古慨今，对诸葛亮这位辅刘备开创大业、佐刘禅匡济危时的两朝重臣没有完成汉室复兴大业而深感遗憾。

“报国行赴难，古来皆共然。”陆游以诸葛亮自比，表达自己对宋王朝的无限忠诚和统一中原的坚定意志。他满怀抗金报国的凌云之志，“本意灭虏收河山”却报国无门，只能将内心复杂的情感倾注于笔端，以言明救国、卫国的决心。其他人的爱国诗也有《诗经 · 秦风 · 无衣》的这种“修我戈矛，与子同仇”“谁知我亦轻生者”的气魄，可是从没有人像陆游那样把它发挥得淋漓酣畅。这也正是杜甫缺少的境界，所以说陆游“与拜鹃心事实同”，还不算很确切，还没有认识到他别开生面的地方。爱国情绪充满了陆游的整个生命，洋溢在他的全部作品里；他看到一幅马画，碰见几朵鲜花，听了一声雁唳，喝几杯酒，写几行草书，都会惹起报国仇、雪国耻的心事，血液沸腾起来，而且这股热潮冲出了他的白天清醒生活的边界，还泛滥到他的梦境里去。这也是在旁人的诗集里找不到的。

陆游一生充满了请缨无路的悲愤，最终赍志以殁，谁又能理解他的心路历程呢？在少壮之年，他已自许“塞上长城”，可是直到老年，仍旧夜泊水村，一筹莫展！但他坚信自己仍可以从军远征，杀敌制胜。“腰间羽箭久凋零，太息燕然未勒铭。老子犹堪绝大漠，诸君何至泣新亭。一身报国有万死，双鬓向人无再青。记取江湖泊船处，卧闻新雁落寒汀。”（陆游：《夜泊水村》）

久离疆场、无缘抗敌的现实，与陆游所向往的“楼船夜雪”“匹马秋风”的戎马生涯，相迕殊甚，但其“恢复神州”的爱国信念却坚定不移。他在寄意山水、歌吟田园生活的时候，心中却一刻也未曾忘怀世事国情。尽管个人的力量是渺小的，尽管生命是短暂的，但是为了拯救国难，陆游心甘情愿地死上一万次。

爱国是一种巨大的力量，陆游愿意把自己的生命交给国家去支配。他的诗词不仅表达了对国家的忧愤和希望，而且抒发了救国、卫国的决心。当华年空掷、青春难再，陆游眼见大宋江山任人宰割，多少次梦回自己单枪匹马驰骋万里疆场，戍守梁州，意气风发。梦醒不知身何处，只有旧时貂裘戎装，已是尘封色暗。虽心怀深沉真挚的爱国情怀和坚定的报国杀敌之志，却因年岁已高而力不从心，只能将气吞山河、锐意报国的豪情壮志倾注笔端，空吟着“当年万里觅封侯，匹马戍梁州。关河梦断何处？尘暗旧貂裘。胡未灭，鬓先秋，泪空流。此生谁料，心在天山，身老沧州”（陆游：《诉衷情·当年万里觅封侯》）。

在当时特定的历史环境中，赤心报国而不为世所重的陆游，其爱国精神表现为抗金的坚定性、朝廷所用非人的深深忧虑，以及对那些高居庙堂的衮衮诸公在国家山河破碎之际要么醉生梦死，要么束手垂泪的懦弱昏庸的不满。他的爱国诗词大都发自肺腑，金邦入侵之戾虐、宋廷偏安之昏朽、黎民水火之疾痛、志士血泪之悲愤，都是他内心真挚情感的自然流露和如实表达，所以感人至深。

满腔的爱国忧国、壮志未酬的情绪，在陆游的心中跌宕交会。言为心声，他的遗憾与痛心都深深地藏在字里行间。不论是“八十将军能灭虏，白头吾欲事功名”的豪语、“逆胡未灭心未平，孤剑床头铿有声”的愁语，还是“诸公可叹善谋身，误国当时岂一秦”的快语、“遗民泪尽胡尘里，南望王师又一年”的低语，都是陆游最真诚的心声的袒露。“其感激悲愤、忠君爱国之诚，一寓于诗，酒酣耳热，跌宕淋漓”，处处闪耀着爱国思想的光辉。恰如梁启超所说：“诗界千年靡靡风，兵魂消尽国魂空。集中什九从军乐，亘古男儿一放翁。”

第三节　家祭如何告乃翁

中年时的陆游曾憧憬着“从今父子见太平”的美好景象，颇有些家国将兴之自信乐观。绍兴三十一年（1161）十二月，武巨收复了西京，极大地鼓舞了陆游。他以为国家中兴在望，就于第二年把家眷接到临安。“阿纲学书蚓满幅，阿绘学语莺啭木。截竹作马走不休，小车驾羊声陆续。书窗涴壁谁忍嗔，啼呼也复可怜人。却思胡马饮江水，敢道春风无战尘。传闻贼弃两京走，列城争为朝廷守。从今父子见太平，花前饮水勿饮酒。”（陆游：《喜小儿辈到行在》）小顽皮们一来就热闹了，他们忙忙碌碌，又是玩游戏，又是在窗户和墙壁上乱写乱画。看到一旁的孩子们又蹦又跳欢快地嬉闹，儿女骨肉之情使他想到国家统一后的和平生活。

“少时铁马蹴河冰，老去摧藏百不能。风雨满山窗未晓，只将残梦伴残灯。”（陆游：《残梦》）虽然年老的陆游已经不能去前线杀敌，但国家的命运和民族的前途紧系着他的心。“吾侪虽益老，忠义传子孙。征辽诏傥下，从我属櫜鞬。”（陆游：《村饮示邻曲》）收复中原的信念始终不渝，而且陆游誓把这种信念传给儿孙。在《仆顷在征西大幕，登高望关辅乐之，每冀王师拓定，得卜居焉，暇日记此意以示子孙》中就强烈表现出他的这种信念：“八月残暑退，秋声满庭树。岂无四方志，衰病迫霜露。辽东黄头奴，稔恶天震怒。南北会当一，老我悲不遇。子孙勉西迁，俗厚吾所慕。约已收孤嫠，教子立门户。黍稌暗阡陌，鹑雉足匕箸。永为河渭民，勿惮关山路。”在年老多病的情况下，陆游只得把收复失土的希望寄托于下一代。

直到陆游生命的尽头，现实依然是家国难在的惨况。陆游那颗炽热的爱国之心依然不舍得停止，唯有以笔写心。弥留之际的陆游从昏迷中苏醒过来，眼睛里闪过一丝光，他挣扎着坐起来，颤巍巍地提起笔来，在纸上歪歪斜斜地写下了：“死去元知万事空，但悲不见九州同。王师北定中原日，家祭无忘告乃翁。”一首《示儿》诗，寄托着诗人在临终前无穷的希望，这是陆游声断气绝的拼命呐喊，是呕心沥血的深情表白，是气贯云天的浩然离别，更是念念不忘的殷殷告诫。

陆游一生中始终未能见到宋军收复中原，无奈带着悲愤、希望和九死不悔的执着，带着对国家民族的一往情深，带着九州大地必然统一的坚定信念离开了人间。

这真是一个英雄的悲剧，也是一个时代的悲剧。在陆游死后的第六十五年，偏安一隅的南宋朝廷正在风雨飘摇中苟延残喘，此时的忽必烈下定灭宋决心，命伯颜率元军直逼临安。元军骑着战马手拿利刃，寒光闪闪，直指临安这个南宋王朝首都。面对元军大兵压境的严峻形势，彷徨无奈的谢太皇太后、全太后与不谙世事的恭帝，一边派张世杰等人拥益王赵昰、广王赵昺南逃福州，一边又派文天祥到元军大营谈判媾和。结果却是坚守无兵力，求和被拒绝，南宋皇室不得不遣临安知府与宗室奉传国玺和降表至伯颜军前请降。

至此，历时一百五十多年的南宋王朝，应该说是寿终正寝了。但是，在国主投降的情况下，南宋末年那些壮心犹在的大臣仍然不愿投降，他们率领着部下做着顽强的抗争，并且拥立益王赵昰、广王赵昺两个小皇帝，又苟延残喘了三年。

祥兴二年（1279），宋、元双方进行了最后一场生死决战，这就是历史上以悲壮激烈著称的厓山之战。在这场历时二十多天的大海战中，双方投入兵力数十万，动用战船两千余艘，最终以宋军全军覆没而告终。丞相陆秀夫见大势已去，身背腰系玉玺的年仅九岁的小皇帝赵昺纵身蹈海殉国。

突如其来的蒙古族铁骑，于是汉民族连要支撑偏安的局面也已完全不可能了！虽然宋代三百余年间，汉民族的生存空间始终受到外族的严重威胁，但宋鼎倾覆，使汉族广大知识分子有史以来首次感受到了被外族全面控制而产生的巨大心灵震撼，使他们真正意识到了故国沦亡的可悲可哀。

诚然，“南北一家今又见”，这对于中国多民族统一国家的缔造无疑是具有积极意义的。然而对于南宋统治下的江南文人士大夫们而言却是“南人堕泪北人笑”，是一种难以言说的亡国之痛。陆游终生盼望的“九州同”已经实现，但是以南宋亡国换来的统一。陆游、辛弃疾等爱国志士毕其一生为之奔走呼喊、为之伤心泣血、为之奋斗不已的事业，终于成为一场大悲剧。

这样的统一，在当时的人看来，其酸楚与悲凉却是无法言表的。元朝建立之后，陆游的浙江同乡、小他一百一十七岁的南宋遗民林景熙翻开了陆游诗集，当他看到陆游的《示儿》诗后，悲愤莫名，感慨万分地写了下面这首七绝《书陆放翁诗卷后》，将难言的悲痛隐藏在字里行间："青山一发愁蒙蒙，干戈况满天南东。来孙却见九州同，家祭如何告乃翁！"

林景熙思量着，元军已占领了南宋东南方的全部领土，陆游的来孙可真的见到全国统一了，可是他们在家中祭祀祖先陆游时，怎能把这种亡国的奇耻大辱告知陆放翁的在天之灵呢？

陆游的子孙到底是怎样"告乃翁"的呢？陆游的子孙官职不高，但在陆游爱国精神的影响下，虽然尽是"位卑未敢忘忧国"，但他们皆以爱国的行动来告慰族中的爱国楷模陆游。

开禧三年（1207），八十三岁的陆游踽踽独望，将大儿子子虡送上了前线。此时，轰轰烈烈的北伐，因首谋用兵的韩侂胄独断专行和军队内部矛盾重重，在前线连连战败。慈父陆游送儿上战场，日夜愁苦担心"羁旅易生疾，霜露行载涂"，但是想到儿子不顾自己的安危，勇敢地拿起刀枪，驰骋于抗金前线，对乱军"身率将士，力战平之"，以挽救国家危亡的时候，陆游心生一丝安慰和无限自豪，写信劝慰儿子说："思归虽甚苦，且复忍须臾。"陆游竭力收复失地的心思，在儿子身上有了延续，从他的诗歌中可以看出，长子子虡常年征戍边地，"大儿为国戍绝塞，季子伴翁亲短檠"。

据《山阴陆氏族谱》记载，陆游孙陆元廷祥兴二年（1279）闻厓山之变，忧愤而卒；曾孙陆传义祥兴二年闻厓山之变，忧愤数日，不食而卒；玄孙陆天骐祥兴二年于厓山蹈海殉国；玄孙陆天骥，宋亡后杜门不仕；来孙陆世和、陆世荣拒绝元朝征辟。一门忠烈，世间少有，此皆不负陆游爱国之诗教者。

陆秀夫是南宋末年最后一位丞相，素以“孤忠大节”著称。据《宋史》等有关资料记载，陆秀夫为江苏盐城人，与文天祥同中进士，官至端明殿学士、签书枢密院事。因与丞相陈宜中朝议不合而遭贬谪，举家迁居澄海辟望港口。时值元兵进犯，宋都临安陷落，皇室仓皇南逃，国难当头，陆秀夫毅然应召。他护帝辗转粤海，坚持抗元。祥兴二年二月初六，元军水师大败宋朝守军于厓门海上。陆秀夫见元兵四集，杀声震耳，烈焰熊熊，方知大势已去，无可挽回，于是先仗剑驱赶夫人与三子一女蹈海殉国。陆秀夫生怕小皇帝赵昺被俘受辱，于是对他说：“国事至此，陛下当为国死。恭帝辱已甚，陛下不可再辱！”说罢，他整理好衣冠，藏玉玺于幼主之怀，命人用白绢将他们君臣二人捆紧，背负幼帝从容投海殉国，宁死不降。

陆秀夫因与陆游同为陆姓，又同有视死如归的大无畏之民族气节，曾一度被认为是陆游的曾孙。在考证过程中，学者们各有倾向。1961年9月1日，《光明日报》发表钱仲联《关于陆游和陆秀夫的新材料——〈会稽陆氏族谱〉读后记》一文，文章指出：“据族谱，乃知秀夫为放翁第六子子布之孙，子布生三子，第三子元楚迁居盐城，秀夫乃元楚之幼子。……而且厓山抗敌，陆氏族人随秀夫同殉国难者达十五人之多。”并根据《会稽陆氏族谱》将陆秀夫的上三代排列如下：陆游—子布—元楚（迁居盐城）—传道、传彦、秀夫。而柴德赓却提出了不同的观点，他认为盐城人氏的陆秀夫，其祖、父名字，在《会稽陆氏族谱》和《宝祐四年登科录》中所记，竟无一相同，显然使人怀疑秀夫为放翁曾孙。无论此桩悬案的答案如何，陆游与陆秀夫皆为唐代宰相陆贽的后人，吴郡陆氏皆是坚持民族气节、有爱国情怀的忠贞之士。

古人云："虽世殊事异，所以兴怀，其致一也。"（王羲之：《兰亭集序》）吴郡陆氏"赤心报国"的优良家风，历经时光流转，沧海桑田，依然静静地散发着光华。

第一次世界大战结束后，战胜国在巴黎开会，讨论善后问题。作为战胜国，中国应邀出席了这次会议。这是中国进入近代以来第一次以平等身份昂首阔步踏上世界舞台。

1918年12月1日，吴郡陆氏后人陆征祥以外交总长身份担任中国出席和会的首席代表，与顾维钧、王正廷等人一起，前往巴黎。会上，美、法、英、意、日五大国之间的利益冲突日益激烈，逐渐暴露出帝国主义的丑恶本质：重新瓜分世界，建立战后帝国主义秩序。在这种"弱肉强食"的情况下，各弱小国家统统成为列强斗争中的交易品。中国山东问题，也成为他们讨价还价的一个砝码，被列强放到了他们权衡利益的天平上。陆征祥从种种迹象中预感到了情况的不利，悲伤与无奈之感油然而生，叹息道："强权利己之见，绝非公理正义所能动摇。"

既然公理不存，陆征祥只能智尽能索，利用列强之间的矛盾来谋求山东利益之保全。4月5日，陆征祥会晤法国外长毕勋，恳切陈述山东问题关系中国前途，如果此问题得不到妥善解决，将会危及各国的在华利益。4

月8日，陆征祥又会晤意大利总理奥兰多，重申上述看法，试图以维护欧美各国在山东的利益为招牌，换取列强支持中国的立场。然而，陆征祥的这一切努力都未能阻止列强之间肮脏的交易。

4月30日，是巴黎和会最为黑暗的一天。心怀鬼胎的英、美、法三国在邀请日本参加、拒绝中国代表出席的情况下，决定将德国在山东侵占的各项权益全部让与日本，并将有关条款列为对德《凡尔赛和约》的第156、157、158三条。条文规定：德国根据1898年3月6日之《中德条约》，及其他关于山东省之一切协约，所获得之一切权利特权，如胶州之领土、铁路、矿山、海底电线等，一概让与日本；德国所有胶济铁路，及其他支线权和关于此项铁路的一切财产，一概让与日本；自青岛至上海至芝罘的海底电缆及其附属一切财产，无偿让与日本；在胶州领土内之德国国有动产及不动产，并关于该领土德国因直接或间接负担费用实施工程或改良而得以要求之一切权利，均为日本获得，并继续为其所有。

会议结束后，中国代表团收到了和会解决山东问题的通告，代表们震惊异常。当晚便通宵开会，讨论对策。陆征祥对此十分气愤，谴责“此次和会专制办法，实为历史所罕见”。在给北京政府的报告里，他建议说，如果中国不能声明保留山东问题，那么就拒绝签署和约。

鉴于和会完全不顾中国代表的要求，无理对待中国，陆征祥深感愧对国家，有负众望，遂于5月2日致电北京政府，引咎辞职。5月3日，陆征祥又和其他全权代表再次联合致电北京政府，请求辞职。北京政府复电一再挽留，拒绝了他们的辞职要求。陆征祥只好继续与三大国进行交涉，“对于胶州山东问题解决办法，不得不向三国会议正式抗议”。

5月6日，和会召开对德和约草案宣布大会，陆征祥偕王正廷出席会议。会上，陆征祥率代表团据理直争，针对山东问题条文，慷慨陈词阐述中国立场，强烈抗议列强对中国的无理行径。在和会大会宣读对德和约草案时，陆征祥以十分坚定而有力的语气说道："中国全权对于三国会议决定之山东问题之解决办法，不得不表示深切之失望。我个人深表遗憾，此种失望全中国人民亦所同感。窃思此种办法似未考虑法理及中国之安宁……倘不副我人之切望，中国全权对于该项条款不得不声明有保留之义务，并请将本全权之上述声明记入议事录中。"

陆征祥所言不虚，巴黎和会有关山东问题的处置确实在中国引起了轩然大波。在国内，时刻关注着巴黎和会的青年学生，在获知山东问题交涉失败的消息后愤怒了。一场声势浩大的爱国运动于5月4日在北京爆发，随即扩展到全国各地。学生们痛恨于中国政府的黑暗与卖国，要求严惩导致巴黎和会中国外交失败的卖国贼，并致电中国代表团拒绝在对德和约上签字。

国内爱国运动风起云涌，而在巴黎，中国代表团代表陆征祥遵循"无保留，不签字"的原则，四处奔走，多方活动，争取国内的支持与国外的同情，为中国的权益而奋斗。

1919年6月28日，是巴黎和会的最后一天，也是全体战胜国在和约上签字的最后一天。当签约仪式在凡尔赛宫举行时，人们惊奇地发现：为中国全权代表准备的两个座位上竟然空无一人！

原来，中国代表团在陆征祥主持下，拒绝前往凡尔赛宫签约，并致书和会，声明中国对中德和约有最后决定权，指出："和会对山东问题与中国以不公正之判断。此即强迫中国不签字和约。盖中国代表签字和约，则自失其公正、正直、爱国之心也。故中国代表将此问题，申诉世界，听其不偏不倚之判断。”这是中国代表的反抗，也是整个中国人民的反抗。这时激荡的爱国热情已让陆征祥只想向那些列强呐喊出一个字——不！

1919年年底，陆征祥由法国经意大利回国，次年1月22日抵达上海。船到吴淞口时，只见岸上黑压压的一大群人，待船靠岸，方知原来是数以万计的欢迎群众。每人都挥动小旗，旗上书：“欢迎不签字代表！”足以见证中国代表团拒签巴黎和约的行动，确实反映了全国人民的意愿。

虽然成为大众眼中的英雄，但陆征祥本人却颇有自知之明，面对爱国热情高涨的民众，他一言未发，匆匆而去。后来陆征祥在《回忆与思考》一书中曾谈到他当时的心情：手签“二十一条”，已经饱尝了强邻日本的欺负，满拟在巴黎和会上伸张正义。不料诸大国欺弱媚强，使他遭受更深的刺激，叹息国际正义无伸张之日。再看国内，军阀内战方兴未艾，他深深感到：尽管在外交上无时无刻都需要顶住大国的压力，但始终缺乏强有力的政府支持，更无复兴民族的国策以为后盾，徒然留在外交岗位上，将何以对待历史、对待祖国？陆征祥毅然辞去外交总长的职位，退出政界，任赈灾督办之职，以期为救济事业稍尽绵薄之力。

1949年1月15日上午11时50分，这位与那个动乱年代一同起起伏伏的78岁的老人，永远闭上了他的双眼。他的遗言是：“一切为中华！”

同为吴郡陆氏子孙的陆定一，为中国的独立和解放贡献了毕生的精力。出身名门望族的他，选择以革命为职业，“从20岁投身革命开始，别人拿枪他拿笔，为埋葬旧世界建立新中国而舍生忘死地宣传革命的真理，鼓舞人民的斗志”。

在那个血与火的年代，为了自己的孩子和中国所有的孩子，能够有一个幸福的将来，不致沦为亡国奴，有多少亲人骨肉分离，托婴寄养，又有多少家庭不能团圆，天各一方。为了革命斗争的需要，陆定一也与一双儿女经历了半个世纪的分离。陆定一为了革命，妻亡子散，却始终无怨无悔。为什么？因为陆定一坚信“我们这一代，再加上第二代、第三代，只有一个奋斗目标，就是要使中国富强”。

一首《示儿》诗“忠愤之气，落落二十八字间”，不仅鼓舞了吴郡陆氏一脉的子孙勇敢地为民族的独立和富强而战，更感动了千秋万代的热血华夏儿女。在抗日战争时期，陆游的“王师北定中原日，家祭无忘告乃翁”诗句，不仅抒发了不忘统一的情怀，更是幻化为无数抗日英烈身上的爱国主义和民族精神，这股力量是唯国家民族利益至上的真诚觉悟，也是威武不屈、英勇顽强的民族意志，更是视死如归、慷慨赴义的崇高气节。

在抗日战争时期，日军在攻取贵州后直逼重庆，病中的林徽因每天以虚弱的身体高声朗读着“王师北定中原日，家祭无忘告乃翁”和“塞外忽闻收蓟北，漫卷诗书喜欲狂”，用从古人那里汲取的勇气和信心来不断鼓舞着身边的朋友和孩子。儿子梁从诫后来问她，如果当时日本人真的打进四川，他们打算怎么办。她柔和而坚定地说：“中国念书人总还有一条后路嘛，我们家门口不就是扬子江吗？”中国的文人是宁死不屈的，是能够以自己的血维护民族气节的。林徽因虽为女子，内里的豪气却如吴郡陆氏忠烈一样，绝对有中国读书人的“杀身成仁，舍生取义”的铮铮傲骨与拳拳爱国之心！

血战捐躯的爱国将领张自忠如千千万万有血性的中国人一样，在山河破碎、人民涂炭的情势下，都是宁愿战死，也不愿跪在侵略者的刺刀下求生、求妥协。他的女儿张廉云在听说抗日战争胜利的消息后，马上想起了陆游的《示儿》诗，她在回忆录中写道："我听说日本投降了，我得告诉我父亲。我在车上默默地说：'爸爸，日本投降了，咱们胜利了。'一边说一边流泪。我知道，父亲终于可以真正得到安慰了。"那一天，恐怕不止张廉云放声向九泉之下的父亲高呼抗战胜利的消息，中华同胞必皆是欣喜若狂，奔走相告，互相祝贺抗战胜利。家家户户张灯结彩，人们传诵着"王师北定中原日，家祭无忘告乃翁"的诗句，馨香祭祖，以胜利的喜悦告慰先人。

生为抗金、死为复国、生生死死、忧念山河的陆游，在九泉之下已可安息。千秋以降，浩气长存，他忠贞不渝的爱国主义精神，不仅对那个时代，而且对整个中华民族都产生了深远的影响。他的声音已留在中华民族的记忆里，每到民族危亡之时，定会回响在那些有识之士的耳畔，激励着他们为民族兴存和国家富强而前赴后继、奋勇拼搏。

第二章

嗜书笃学

吴郡陆氏子孙向来多出文化人物，这些贤哲俊才因诗书传家，读书立品，崇德做人，立身大志，其经史之学与诗文之才兼美。如陆游所说“陆氏自汉以来，为天下名族，文武忠孝史不绝书”（陆游：《渭南文集》卷三十二《右朝散大夫陆公墓志铭》）。吴郡陆氏家族可谓一门风雅，重视家学，诗、文、书翰流布四方，累世不绝。

陆氏子孙虽然在学术道路上有着不同的追求，却多以名德、学业、著述、文翰留名青史，实为陆氏子孙树立了读书求学的典范。他们能有这样的成就，除自身天资卓越、勤苦好学外，固然涉及时代背景、历史条件、师承关系、文化氛围等多元因素，但与他们从小便受到家族长辈的道德修养以及学业严格要求也密不可分，家学渊源无疑是不可忽略的一环。

虽然生逢乱世，亲历家国的危难与时世的黑暗，但是浓厚的家学氛围和丰富的藏书，如同春雨润物，使陆游在不知不觉中受到感染与熏陶，自幼便和读书结下了不解之缘。

“我今仅守诗书业，汝勿轻捐少壮时。”（陆游：《小儿入城》）饱受家学熏陶的陆游，临深履薄以家学传承为己任，心怀保持传承并发扬光大家族文化精神的决心与责任，希望通过自己的努力能够传先哲之精蕴，启后学之困蒙，同时促使后世子孙“莫改家传折角巾”，不改世代文人之风。

第一节　我今仅守诗书业

院宇深深的高门大户、诗礼传家的书香门第、显贵荣华的名门望族，绵绵瓜瓞的陆氏家族，有如阅尽春秋的参天大树，它的根牢牢地扎在土壤中，挺拔的树干、硕大的树冠、纷繁的枝叶不断地探向天空。是什么赋予了这个家族绵延不息的顽强生命力呢?

在古代社会中，世代致力科第的显宦家族，可能因政治上的动荡和杀戮而急剧中衰，从富贵荣华到败落凄凉，瞬息间万境归空，不过是南柯一梦；数代经营的商帮家族，纵使家有万贯、金玉满堂，亦可能因投机失败，而一夜赤贫，不名一文。一旦失去了政治上的依凭和经济上的特权，这些依靠外在条件的高官世宦、商贾巨富自然家道中落。而以学术传承为血脉的“文化世家”，却因学术的内在传承性鲜受外面世界的影响。

中国有句古训：“诗书传家远，忠厚继世长。”有学者曾经指出，官宦世家的门祚一般比豪门右族的门祚要来得长些，而文化世族的门祚又比官宦世家的门祚更要长些。这正是因为文化世家子弟在特定学术氛围、深厚家学渊源的积累和高贵优雅的家世门风的熏陶之下，在耳濡目染、身临其境中，更容易窥其堂奥，得其津梁，收得潜移默化、事半功倍之效，家学渊源辅之以家族内的师承传习，学术遂成为文化家族安身立命、取荣保泰的不动产，子孙相续，世代相袭，承前启后，继绝扶衰。可以说，传承不坠的家学积淀和始终不变的以文为业，是文化世家长立不衰的不二法宝。

吴郡陆氏子孙向来多出文化人物，这些贤哲俊才因诗书传家，读书立品，崇德做人，立身大志，其经史之学与诗文之才兼美。如陆游所说“陆氏自汉以来，为天下名族，文武忠孝史不绝书”。吴郡陆氏家族可谓一门风雅，重视家学，诗、文、书翰流布四方，累世不绝。

吴郡陆氏宗族文化思想的奠基人、汉初奇士陆贾，向刘邦提出“逆取顺守，文武并用”的方略，倡导儒学，“行仁义，法先圣”，同时辅以黄老“无为而治”，之于汉家开国，有定天下、安社稷之功。后又因其有“善言古者合之于今”的史学论，故受刘邦之命，总结秦亡汉兴的经验教训，融合儒、道、法、墨等各家思想，汇集成《新语》，为西汉王朝提供了“治国安民”的政略。

陆氏家族重视《诗经》与《太玄》的学术传统，促成了西晋陆机、陆云文学创作的拟古文风。兄弟二人在文学史上的地位，鲜与伦比。梁代钟嵘撰《诗品》，评陆机曰：“才高辞赡，举体华美。”“咀嚼英华，厌饫膏泽，文章之渊泉也。张公叹其大才，信矣。”唐太宗李世民对陆机的创作成就高度赞扬，修《晋书》时自为赞语，《陆机传》末制曰：“观夫陆机、陆云，实荆衡之杞梓，挺珪璋于秀实，驰英华于早年，风鉴澄爽，神情俊迈。文藻宏丽，独步当时；言论慷慨，冠乎终古……其词深而雅，其义博而显，故足远超枚、马，高蹑王、刘，百代文宗，一人而已。”这样的言辞，出于千古一帝之口，简直有些不可思议。

“世称《左氏》有文远，《礼》有褚徽，《诗》有鲁达，《易》有陆德明，皆一时冠云。”（《新唐书·徐旷传》）初唐儒者陆德明的著作有《经典释文》三十卷、《老子疏》十五卷、《易疏》二十卷，后两种已佚，今所能见者，唯有《经典释文》。这是一部为各种经典注音、释义的训诂书，对当时的人学习、研究经典甚有裨益。由于它反映了隋唐之际的学者对古代典籍的理解，对今人就显得更加重要了。此外，《经典释文》中还有一篇“序录”，是作者对各种经典及其授受源流的介绍，是研究经学史的极好材料。

陆九渊与广受尊重的理学集大成者朱熹，不分轩轾。他通过对《孟子》学说的思考，创立心学。陆九渊直接继承了孟子的性善论，认为孟子所说的仁、义、礼、智“四端”就是我们每个人的本心，并更加明确了修养的途径。孟子说：“吾善养吾浩然之气。”陆九渊说，为学传道必须“发明本心”。他从一种崭新的角度标新立异，使孔孟道统以“心学”形式广传于世，自己也因此而名扬儒林。

陆氏子孙虽然在学术道路上有着不同的追求，却多以名德、学业、著述、文翰留名青史，实为陆氏子孙树立了读书求学的典范。他们能有这样的成就，除自身天资卓越、勤苦好学外，固然涉及时代背景、历史条件、师承关系、文化氛围等多元因素，但与他们从小便受到家族长辈的道德修养以及学业严格要求也密不可分，家学渊源无疑是不可忽略的一环。陈寅恪先生曾有“学术文化与大族盛门不可分离”之语，家学传承正是陆氏家族的最大特色。中国历代文化家庭无不重视家学渊源，授受有源，累世相传，比学共进，相互影响，潜移默化，钱谦益曾说：“盖不独先河后海，礼不忘始。而家学渊源，名教积习，亦有可以考见者焉。”（清·钱谦益：《浙江布政使引右参政青叔元授中大夫芳加赠制》）人非一人，代非一代，读书治学，风习相染，久而久之，形成了以家族为中心的崇尚读书的风气，奠定了陆氏追求严谨的学业门风。

陆氏家学不是由哪一位家族成员凭一己之力所能构成的，而是在岁月的洗礼中不断积累的。有如盐入水，虽化于无形，却可使其咸度陡增，这些温良敦厚，以文为业，以史自任，能诗能文，工于书画的家族成员在经年累月中，有形无形中影响着家族的文化风尚，逐渐形成了陆氏家族特有的学术氛围、罕见的家学素养、深层的文化底蕴，传递着绵长而厚实的文化气象。

陈寅恪先生揭示宋前世家大族的特点时云：“所谓士族者，其初并不专用其先代之高官厚禄为其唯一之表征，而实以家学及礼法等标异于其他诸姓……士族之特点既在其门风之优美，不同于凡庶，而优美之门风实基于学业之因袭。”（陈寅恪：《唐代政治史述论稿》）家学、学业的承传是保持世族地位和身份的基石。其实这个规律也完全适合吴郡陆氏家族，正是由于文化世家的深厚家学的熏陶和教育，陆氏一门所出的深闺文墨者不胜枚举，他们秉持先祖“诗书传家”的精神，所构筑的人文环境、家族文化，对其家族成员之间潜移默化的相互激励、相互影响起到了积极作用。

家传文化的盛衰对于世家大族的重要意义在于："一个大门第，绝非全赖于外在之权势与财力，而能保泰盈达于数百年之久；更非清虚与奢汰，所能使闺门雍睦，子弟循谨，维持此门户于不衰。当时极重家教门风，孝弟妇德，皆从两汉儒学传来。诗文艺术，皆有卓越之造诣；经史著述，亦灿然可观；品德高洁，堪称中国史上第一、第二流人物者，亦复多有。"（钱穆：《国史大纲》）

陆游深谙此道，因为他曾认真研究过晁氏这样一个声名显赫的文学、文化盛族，观察其家族繁衍兴旺的原因，更重视家学、学业的传承对保持家族长盛不衰、门风不坠、绵延久远的意义。

陆游为晁冲之姐之外孙，从其父母那里获悉许多有关晁氏讲究风操、诵诗习文的逸闻趣事。他在《晁伯咎诗集序》中云：

> 盖晁氏自文元公以大手笔用于祥符、天禧间，方吾宋极盛时，封泰山，礼百神，歌颂德业，冶金伐石，极文章翰墨之用。汪洋渟滀，五世百余年，文献相望，以及建炎、绍兴，公独殿其后。又少时所交，皆中州名胜，讲习磨砻之益深矣。是岂寠书生闻见局陋者敢望其涯哉！伯咎学问赡博，胸中恢疏，勇于为义，视死生祸福无如也。至他文亦皆豪奇，不独其诗可贵，尚力求而尽传之。

晁迥为真宗所重用，之后晁氏累代诗书传家，此风即自他而起。从宋初至南宋的两百年间，晁氏一门三支连绵数代，"家传文学，几于人人有集"，产生了以晁迥、晁补之、晁冲之、晁公武为代表的一批知名文人作家。"盖养以文元之事业（晁迥），而畅以太史之风骚（晁无咎），景迂之道数以根其中（晁以道），崇福之词华以丽其外（晁之道）。”晁氏家族允推两宋首屈一指的文学世家。在陆游看来，晁公迈文学上的建树得益于两个方面的因素：一个就是深厚的家学渊源，另一个就是他年青时候在京城一带的交游、学习。

陆游受到晁氏门风间接的熏陶，他注意研究过晁氏这样一个声名显赫的文学、文化盛族，观察其家族的繁衍兴旺的原因，更重视家学、学业的承传对保持家族长盛不衰、门风不坠、绵延久远的意义。对此，从小即受到良好家庭教育的陆游，是深有感受的。

虽然生逢乱世，但是出身于书香之家的陆游，其幼年的启蒙教育受到相当的重视。对于陆游的童稚发蒙并将其琢璞成玉，父亲陆宰的身教和家族环境的陶冶，其助力不可谓不大。他曾说：“吾幼从父师，所患经不明。”年少的陆游在父亲的指导下，主要还是在经书上下功夫，这是当时儒生的根本之学。古代的儒生研习经书，不仅仅对经书的学习或作为科考的手段，更重要的在于它是一种教化的方式，儒生能通过对经书的学习传习“圣人之操”。

父母对小小的陆游也是寄予厚望的，从陆游的名字中，就可见父母的用心。

生活在宋代的陆宰，在为儿子取名的时候，是沿用长幼亲疏、昭穆有序的原则，按“宗行第”辈分取名。

中国传统文化中存在一种独特的习俗制度——昭穆制。今天知道这一习俗的人也许不多了，但它在中国的名字文化中打下了深深的烙印。

学术界似乎有一种普遍的看法，昭穆起源于三千多年前的周朝初期，是宗法制度的一项主要内容。所谓“昭穆制度”，系指古人祖先墓葬的次序、神位在宗庙中的班次和祭祀中族人位置的排列，为始祖居中，以下父、子、孙等递分昭穆依次排列，昭的位次在左，穆的位次在右，即父在左，子在右，孙在左，曾孙在右，依此类推，把始祖以下的同一宗族的许多世代的男子，按一昭一穆的次序轮流排列。

按照《周礼 · 春官 · 冢人》记载，昭穆是坟地葬位的左右次序，先王之葬居中，昭、穆分别为左、右，而且祭祀时，子孙也按照这种规定排列。《礼记 · 祭统》说：“夫祭有昭穆。昭穆者，所以别父子、远近、长幼、亲疏之序而无乱也。”从此引申开，昭穆在过去讲究尊卑长幼之亲属关系的宗族社会里，也泛称一般宗族的辈分。

至今还有人按照昭穆制来取名，构成中国人姓名特有的辈行现象：不同辈分的人，名字体现出纵向的、前后相继的关系；相同辈分的人，名字体现出横向的、平行配合的关系。这样就可以保证在一个比较庞大的宗族组织内，能够做到尊卑有伦、长幼有序，世系有条不紊。

一般族谱中有关于以字序辈的记载部分，其资料多是一些富有训勉与期许内涵的诗句，而所制定的文字正是族人为新生儿取名时，可以作为世代遵循的重要依据，因为只有透过它，才能达到为族人定尊卑、序伦常之功能。生活在宋代的陆宰，在为儿子取名的时候，也沿用长幼亲疏、昭穆有序的原则，按“宗行第”辈分取名。

从谱系考虑，陆家有自己的字辈谱，到了陆游这一辈，统一的字辈标志应在偏旁部首上体现出来，从偏旁“水”。古人取名时往往还联系着身世，陆游生在淮水边上，如果父亲从这两方面考虑，陆游的名也许会被取作“淮”。但是陆宰的远房从兄陆宣，早在宣和二年（1120）生下第四子，取名为“淮”，陆宰自然不能重复取此名了。

名字既留下了家族血统的烙印，又凝聚着父母对孩子的深情厚意和殷切期望。陆宰捻着胡须，斟酌推敲，颇费了一番心思，最终决定以被奉为中国文学史上诗词“婉约派”之宗的秦观的字“少游”作为孩子的名。生非同世的两人，名与字恰恰是对易的这种巧合并非偶然，是事出有因的。宋人有这样一个传说，叶绍翁《四朝闻见录》乙集“陆放翁”条谓：“盖母氏梦秦少游而生公，故以秦名为字，而字其名。”韦居安《梅硐诗话》卷中亦载梦生之说。陆游母亲因梦见秦观而生陆游，迷信地以为是秦观投胎，因此以秦观的名和字分别作陆游的字和名。正如陆游在《题陈伯予主簿所藏秦少游像》中所云：“晚生常恨不从公，忽拜英姿绘画中。妄欲步趋端有意，我名公字正相同。”陆游的名与秦观的字中的“游”字正相同，而陆游的字——“务观”，与秦观的名中的“观”字也正相同。

秦观（1049—1100），原字太虚，后改字少游。秦观的父亲秦元化曾在太学学习，对两位学友——海陵人王观及其堂弟王觌的才华，极为褒扬，称其有高才力学，力学从文，文士没有能与他相比的。秦元化佩服王观、王觌兄弟的高才力学，于是以王观及其从弟的大名，分别给自己的两个儿子取名，即秦观、秦觌。

孔颖达为《礼记·檀弓》的“幼名，冠字”作疏，幼名乃“生若无名，不可分别。故始生三月而加名”，冠字乃“年二十，有为人父之道，朋友等类不可复呼其名，故冠顶加字”。古代男子成人，不便直呼其名，故另取一与本名含义相关的别名，称之为字，以表其德。凡人相敬而呼，必称其表德之字。古代男子一般在十五岁即可冠字，而秦观是在弱冠之后。秦观在两次应举不中的情况下，有鉴于孙莘老、苏轼所经历的官场风波，“不待蹈险而悔及之”，重新选择了这样的人生道路：“愿还四方之事，归老邑里，如马少游”，并声称“改字少游，以识吾过”。由此可知，秦观少年倜傥，仰慕汉代马少游的淡泊为人，不愿求名利而自苦。

古人强调“名以正体，字以表德”，官宦世家、书香门第给其子女取名一般都是十分慎重的。陆游的父母将心中所盼，寄托于儿子的姓名。以秦观的名字给陆游取名，这既表现了父母对陆游的厚望，希冀陆游读书仕进、出人头地的衷肠，也是对他的鞭策，充分体现出父辈勉励儿子成为才高学厚之良才的良苦用心。

在陆游的家庭教育中，不独父训，母教亦有素。“先亲爱我读书声，追慕慈颜涕每倾。”（陆游：《读书》）陆游的母亲唐氏秉承了丈夫的心意，融入了自己的才学与心血课督子弟。陆夫人出身名门，父亲是唐义问，祖父是北宋神宗熙宁初参知政事唐介。陆夫人颇有大家闺秀的风度，个性果敢坚毅而又仁慈善良，像孟子的母亲又严又慈，在注重自身以德守之的同时，肩负着对后代的德才教育的重任。

在父母的精心调教和悉心引导下，陆游学业进步极快，七岁的时候就能按题赋句。宋人叶釐所著《爱日斋丛钞》（《丛书集成》本）卷二记载：“左丞之孙，是为务观待制，甫七岁，父少师指乌命赋。遽对曰：‘穷达得非吾有命，吉凶谁谓汝前知？’事见家语。……吾乡陆氏，最称故家，诗礼之泽深矣。世以颖悟早闻于时，亦盛事也。”

陆游的族伯父陆彦远，治学极精，熟知礼典，乃乡校之师。陆游回忆道："成童入乡校，诸老席函丈。堂堂韩有功，英概今可想。从父有彦远，早以直自养。始终临川学，力守非有党。纷纷名佗师，有泚在其颡。二公生气存，千载可畏仰。"（陆游：《斋中杂兴十首·以丈夫贵壮健惨戚非朱颜为韵》）陆游在正式入学之后，伯父以王安石学说进行教育。其中，陆彦远还将王安石讲《礼记》"曾参易箦"一节，仔细讲给陆游听，这给陆游留下了深刻的印象。

孔子的弟子曾参病情严重，卧床不起。他的学生和儿子近身侍疾，弟子乐正子春坐在床下，两个儿子曾元和曾申坐在脚边，童仆坐在墙角，手拿烛火照明。

童仆说："您用的席子真是华丽光洁！这是大夫用的竹席吗？"乐正子春说："不要说了！"曾子听了童仆的话，猛然惊悟，突然睁开眼，说："对，这是季孙先生送的，我还没来得及换下来。元儿，赶快把扶我起来，把席子换掉。"当时，正值春秋战国之交，是社会制度发生大变革的时期。原来周代实行的严格的等级礼制已经开始瓦解，鲁大夫季孙把只有大夫才能享用的华美光泽的席子，送给未曾做过大夫的曾参，但是曾参仍然恪守礼制的严谨作风。曾元说："您老人家的病已经很重了，现在不能换。请等到天亮，再让我恭敬地为您老人家换掉它。"曾子说："你爱我还不如这个童仆。君子爱别人注重品德，小人爱别人则是纵容迁就。我现在还求什么呢？我只求合于正礼而死，这就可以了。"众人听罢，抬起曾子，换了席子，又把他抬回床上，还没有安卧，他就去世了。

王安石将曾子重病临死前守礼不变之事，解释为："圣人以义制礼，其详见于床笫之间，君子以仁行礼，其勤至于垂死之际。姑息者，且止之辞也。天下之害，未有不由于且止者也。”

陆彦远将曾子恪守礼制、严于律己的故事讲给陆游听，还将王安石对这个故事的解读“姑息乃天下之害”，向陆游做了详细的解释。可见，陆游的启蒙教育得益于家学的渊博，有条件研读先秦儒学典籍，推见王道治乱之本，探究“礼家、名数之说”，而不同于当时的一般孩童独以《蒙求》《太公家教》《三字训》《杂字》《千字文》《百家姓》《三字经》等教材启蒙。

耳提面命之间渐至淹博，早期的良好教育为陆游后来的创作和科考奠定了坚实的基础。因此，他自然对家学怀有一种“敬意”与“责任”。这种敬意的根源，就是陆游对于世代相传的家族文化传统的认同和对于家族文化传承的执着。他暗下决心“继其统，守其业”，说道：“经术吾家事，躬行更不疑。”自觉以承继并“躬行”家学为己任。

“放翁爱书如痴，读书也如痴。”学者莫砺锋据《剑南诗稿校注》统计：陆游诗中以“读书”两字为题的诗有17首，诗题以“读书”两字开始的诗作（如《读书有感》之类）有8首，题作《冬夜读书》《秋夜读书》之类的诗有30首，而题作“读某某书”（如《读经》《读史》之类）的诗则多达73首。此外，题中虽无“读书”字样而内容与读书有关的诗更是不计其数。陆游一生能够创作出如此丰富的读书诗，不难想见，他与书如影随行，已经把书籍当成了自己生活中最重要的一部分。

正是借助读书，陆游一方面怡情于书，使自己体验到一种发自内心的愉悦，其潜心为学的恒心更是至老不衰；另一方面秉持了诗书之家的本色，以家学相承。

虽生逢乱世，亲历家国的危难与时世的黑暗，但是浓厚的家学氛围和丰富的藏书如同春雨润物，使陆游在不知不觉中受到感染与熏陶，自幼便和读书结下了不解之缘。

一个本应该与伙伴们嬉戏玩耍的孩童，整日埋首于文字之间，捧着自己的书津津有味地读着，竟丝毫没有觉得倦息，反而兴趣越来越浓。书越看越多，日子一久，陆游对于文章诗作的评价鉴赏慢慢有了自己的见解。他自称：

> 某小人，生无他长，不幸束发有文字之愚。自上世遗文，先秦古书，昼读夜思，开山破荒，以求圣贤致意处。虽才识浅阖，不能如古人迎见逆决，然譬于农夫之辨粟麦，盖亦专且久矣。原委如是，派别如是，机杼如是，边幅如是，自《六经》《左氏》《离骚》以来，历历分明，皆可指数，不附不绝，不诬不紊，正有出于奇，旧或以为新，横骛别驱，层出间见。每考观文词之变，见其雅正，则缨冠肃衽，如对王公大人；得其怪奇，则脱帽大叫，如鱼龙之陈前、枭卢之方胜也。（陆游：《上执政书》）

可见陆游自幼嗜学的精神，及其学习之广博、研讨之深入，这是他诗歌成就的根基。陆游在南宋被称为“小李白”，“六十年间万首诗”，实居古代诗人之冠。正如清人赵翼所说：“自非才思灵敏，功力精勤，何以得此？信古来诗人未有之奇也。”（清·赵翼：《瓯北诗话》）

“少年喜书策，白首意未足。幽窗灯一点，乐处超五欲。”（陆游：《灯下读书》）虽绵历岁月，他始终以“要足平生五车书”立志却毫不懈怠。为了实现这个志向，他“辛勤万卷读”，苦学以践之，才力日长。他尤爱在夜深人静时挑灯勤读，有时读至三更天“败屋颓垣对短巢，课书聊自限三更”，有时干脆读到五更，“近村远村鸡续鸣，大星已高天未明。床头瓦檠灯煜爚，老夫冻坐书纵横”（陆游：《五更读书示子》）。三更灯火五更鸡，陆游不肯把光阴错过，窗前的灯常常这样彻夜不息。他自撰书斋的楹联“万卷古今消永日，一窗昏晓送流年”，说的便是读书当夜以继日，须终身付出，甘于恪守寂寞。在人生的辗转停留中，对于旁人看似枯燥平淡的书斋生活，陆游却乐处其间，并甘之如饴，而一任生计萧然。

陆游惯夜读，其诗集中多有此类场景描述。如《冬夜读书》：“挑灯夜读书，油涸意未已。亦知夜既分，未忍舍之起。人生各有好，吾癖正如此。”又如：“读书四更灯欲尽，胸中太华蟠千仞。”更深夜静，就着昏黄的灯光，率性而读，对于陆游来说，这也许就是最惬意的时光吧！

第二节　七世相传一束书

据《中国藏书通史》宋代部分统计，宋代沿袭两代以上藏书世家有数十家之多，沿袭三世以上有迹可考的为十四家，浙江有三家，其中一家便是陆氏家族。

吴郡陆氏家族“收书之富，独称江浙”，其藏书的传统与文化，可说是家风传承中最具特色的基因之一。正如《嘉泰志》所说：“越藏书有三家，曰：左丞陆氏、尚书石氏、进士诸葛氏。中兴秘府始建，尝于陆氏就传其书。而诸葛氏在绍兴初，颇有献焉，可以知其所蓄之富也。……三家图籍，其二氏尝更废迁，而至今最盛者惟陆氏。”陆游为自己出身于这样一个书香门第而感到自豪，自称“七世相传一束书”。

陆氏家族藏书应始于陆游的高祖陆轸之侄、曾祖陆佃之叔——陆琮。陆佃在《朝奉大夫陆公墓志铭》中记述了叔父的藏书情况：“老犹赋诗，公余观史，以俸余买书。曰：‘吾以此终身，亦以此遗子孙可矣。’”陆琮不遗余力地购买和收藏图书，其原因大概是与其他藏书世家对于诗书传家的认识相通。

《隋书 · 经籍志》著录四部典籍，在纵论书籍传承文化的重要性时说："夫经籍也者，机神之妙旨，圣哲之能事。所以经天地，纬阴阳，正纪纲，弘道德，显仁足以利物，藏用足以独善。学之者将殖焉，不学者将落焉。"这段话概括地说明了书籍作为凝聚传统文化的结晶，是千千万万学子承袭人文精神，修身、齐家以至治国、平天下的根本依据。因此，保藏书籍就是保存文化、保存传统。

对陆琮的侄子、陆游的祖父陆佃，其子陆宰曾赞扬他"不独博极群书，而农父牧夫，百工技艺，下至舆台皂隶，莫不诹询。苟有所闻，必加试验，然后记录"。陆佃性喜读书，历任神宗、哲宗、徽宗三朝仕宦，然禀性清廉，不治家产，竹篱茅舍，唯富藏书而已。

"楚公著书数百编，少师手校世世传。"其中所说"楚公"，是指陆佃，其卒后追赠楚国公；"少师"即为陆宰。陆宰对于父亲悉心搜罗的藏书皆亲手校订，黄墨精谨。他继承父志，依靠父亲与自己多年的积累，将家族藏书的数量进一步扩大，不仅将家族藏书事业发扬至鼎盛，而且又对官家藏书有补充和重建之功。

陆宰极为爱惜书籍，绍兴年间隐居山阴，建双清堂，将祖上所传以及自己陆续收集的藏书储存其中。陆游《渭南文集》中载有跋《京本家语》，就有陆宰于绍兴八年（1138）所题之语：

本朝藏书之家，独称李邯郸公、宋常山公，所蓄皆不减三万卷。而宋书校雠尤为精详，不幸两遭回禄之祸，而方策扫地矣。李氏书，属靖康之变，金人犯阙，散亡皆尽。收书之富，独称江浙，继而胡骑南骛，州县悉遭焚劫，异时藏书之家，百不存一。纵有在者，又皆零落不全。予旧收此书，得自京师，中遭兵火之余，一日于故箧中偶寻得之，而虫龁鼠伤，殆无全幅。缀缉累日，仅能成帙。乃命工裁去四周所损者，别以纸装背之，遂成全书。呜呼，予老懒目昏，虽不复读，然嗜书之心，固未衰也。后世子孙，知此书得存之如此，则其余诸书幸而存者，为予宝惜之。

这段话记录了本朝藏书之家的兴衰，以及陆氏两代人六十年间苦心孤诣为保存《京本家语》一书所付出的努力。

陆宰一生最大的家私，便是书籍。他将藏书作为无比珍贵的财产留给后代，一言“为予宝惜之”，寄望子孙，语重心长：购此书，甚不易，遗子孙，勿轻弃。把书籍作为比黄金更为珍贵的财产留传给子孙，在中国藏书史上不为陆宰一人所独有，这种思想引导着许多藏书家积极搜罗典籍，成为中国古代藏书流传的主要方式之一。陆游把留心于保存、整理、流传的藏书观形象地称为“保存书种”，亦有“传家只要存书种”的诗句。

对于陆宰而言，将这些藏书作为家族财富代代相传，也是希望家族子孙的世代读书的家学传统和刻苦读书的精神得以延续。

家庭环境对儿童的习性养成起着一种不教而化的引导作用，陆宰既为人父，在此方面非常慎重。《东斋纪事》就记载了一个家长未能重视环境对子孙的影响的例子：黄筌、黄居寀是五代时蜀地著名的画家，家中豢养了许多鹰、鹘等猛禽，不时观摩绘画，其子孙长期生活于猎禽场一般的家庭环境中，开始时没有心思学画画，转而每天架鹰放鹘，乐此不疲，后来子孙们竟丢弃家学画业，成了养殖鹰、鹘的专业户。为了豢养鹰、鹘的需要，家里需要饲养大量的老鼠供以喂食，儿孙们又逐渐对捕鼠有了兴趣。最后，儿孙们干脆改以捕鼠和卖耗子药为生了。范镇对此总结道："人家置博弈之具者，子孙无不为博弈；藏书者，子孙无不读书。置习岂可以不慎哉！"

陆宰丰富的藏书为家庭教育提供了基础，为族人营造了家族良好的文化氛围，更为子弟向学提供了便利条件，丰富的藏书可供子孙充分利用，披阅研读，著书立说。应当说，藏书和学问二者密不可分。陆游的学养和成就得益于丰富典籍的滋养，除其他因素外，与他广泛搜访，利用家族大量藏书是分不开的。

此外，陆宰藏书，其声达于朝廷，有功于学林，为南宋馆阁藏书的恢复和重建做出了重要的贡献。

南宋内府派人四处访求遗书，并由秘书省重新整理国家藏书，有当时特殊的历史原因。北宋馆阁之藏，自宋初起所积储藏书，至靖康之难时已悉数毁于战乱。《宋史·艺文志》载：

> 仁宗既新作崇文院，命翰林学士张观等编四库书，仿《开元四部录》为《崇文总目》，书凡三万六百六十九卷。……徽宗时，更《崇文总目》之号为《秘书总目》，诏购求士民藏书，其有所秘未见之书足备观采者，仍命以官。……自熙宁以来，搜访补辑，至是为盛矣。尝历考之，始太祖、太宗、真宗三朝，三千三百二十七部，三万九千一百四十二卷。次仁宗、英宗两朝，一千四百七十二部，八千四百四十六卷。次神宗、哲宗、徽宗、钦宗四朝，一千九百六十部，二万六千二百八十九卷。三朝所录，则两朝不复登载，而录其

所未有者，四朝于两朝亦然。最其当时之目，为部六千七百有五，为卷七万三千八百七十有七焉。迨夫靖康之难，而宣和馆阁之储，荡然靡遗。

可见，自钦宗靖康元年（1126），金兵攻陷开封，到南宋绍兴十一年（1141），宋、金达成和议，十五年间遭受战争破坏的地区很广，图书损失极为惨重。

靖康之变，对于公、私藏书均为浩劫。对此，周密就指出：

宋承平时，如南都戚氏、历阳沈氏、庐山李氏、九江陈氏、番易吴氏、王文康、李文正、宋宣献、晁以道、刘壮舆，皆号藏书之富。邯郸李淑五十七类二万三千一百八十余卷，田镐三万卷，昭德晁氏二万四千五百卷，南都王仲至四万三千余卷，而类书浩博，若《太平御览》之类，复不与焉。次如曾南丰及李氏山房，亦皆一二万卷，然后靡不厄于兵火者。

以上周密所举“靡不厄于兵火者”的藏书家，仅是北宋全盛时期最有名的藏书家。其实，家藏图书毁于北宋末南宋初兵火的，远不止周密所举以上几家。在《南宋藏书史》中，方建新以“归来堂”的藏书损失为例，说明了私家藏书在士大夫弃家外逃过程中的亡失情况。赵明诚、李清照夫妇费尽心力收藏和经过精校的大批图书、书画与金石拓片，原藏青州（今山东益都）赵家的归来堂，靖康之变后，南下时只带了其中很少一部分（十五车）图书，渡江到建康时尚有书两万卷、金石拓片两千卷。不久，赵明诚去世，李清照逃难各地，颠沛流离，最后只剩了“不成部帙”的很少几种。李清照夫妇藏书的遭遇正是当时南渡的北方藏书家普遍的经历。

陆氏家族所居的江浙地区，素富藏书，也因金兵南侵受到极大破坏。可见，当时的兵火之灾，不仅使秘书省等皇家藏书散逸，私家所藏典籍因迁徙时搬动不便等不可抗拒的原因，散失也非常严重。

随着宋室南渡，和议告成，战局稳定，“高宗移跸临安，乃建秘书省于国史院之右，搜访遗阙，屡优献书之赏，于是四方之藏，稍稍复出，而馆阁编辑，日益以富矣”（《宋史·艺文志》序）。“经绍兴到淳熙，再到嘉定，在不到一百年的时间内，南宋馆阁即秘书省的藏书数量，就超过了北宋末年馆阁藏书最多时期，其图书数量增长速度之快，可以说是以前任何王朝，任何一个时期所没有过的”，这其中自然少不了陆氏家族的进献之功。

原来，在高宗下诏征求天下遗书时，首先命绍兴府抄录宋代越中最著名的藏书家之一的陆宰将所藏书来上，达一万三千卷。当时秘书省藏书数为四万四千四百八十六卷有奇，而陆宰一人献书就占近三分之一，可见其藏书之富、贡献之大。

陆游为出生在这样的世代藏书之家而自豪，也拥有强烈的家族使命感，并且追寻先人的足迹，毅然承担起保护藏书的责任，开启了陆氏家族的藏书接力。

历代藏书世家，鲜有豪门巨贾的玩物之家，而多是节箸举俸储书饱蠹的学者书痴。“赋性无他嗜，传家但古书”，表露了陆游心同前贤、珍惜典籍的心情。他受家庭环境熏陶，“老死爱书心不厌，来生恐堕蠹鱼中”。嗜书如命，终年埋首书房，颇似蠹虫：“吾生如蠹鱼，亦复类熠耀。一生守断简，微火寒自照。”（陆游：《灯下读书戏作》）“藏书充栋读至老”的他常常自嘲为“书痴”“书颠”，说“客来不怕笑书痴”“不是爱书即欲死，任从人笑作书颠”“平生喜藏书，拱璧未为宝”，这也反映出他护书、惜书如痴如狂的极致心态。

陆游把丰富的藏书看作是家族兴盛的基业，其藏书来源主要有二：一为如前所述，继承其父遗产；一为购买所得。“儿因作诗瘦，家为买书贫。”对于陆游这样仅靠微薄俸禄养家糊口的官吏来说，买书的最大难处恐怕还是经济问题。面对喜欢的好书而囊中羞涩，把在手里又抚又叹，久久难舍，想来那种进退两难的滋味恐怕并不好受。

“笥衣尽典仍耽酒，困米无炊尚买书。”尽管陆游当时的生活十分寒酸，但还是把省吃俭用攒下来的钱，毫不犹豫地拿去买书。昔日曾有衣食苦，藏书苦乐自难言。他自述：“尝宦两川，出峡不载一物，尽买蜀书以归，其编目日益巨。”四川以当地的纸张、木材的产出为优势，是当时全国除杭州、福建以外的又一大刻书中心，陆游入蜀任职，为其购置大批蜀版书提供了方便。

此后，陆游游宦各地，每到一处，都尽力购置书籍，诚如他在《跋续集验方》中所言：“予宦游四方，所获亦以百计。”在《跋老子道德古文》中，他记述了自己二十余年穷搜苦求今世罕见的《道德经指归》古书的经历：“此经自唐开元以来，独传明皇帝所解，故诸家尽废。今世惟此本及贞观中太史令傅奕所校者尚传，而学者亦罕见也。予求之逾二十年，乃尽得之。”

陆游不单以藏书的数量取胜，更重视搜集好的版本。他在《渭南文集·跋尹耘师书刘随州集》中说：有一次他见到卖书人持束纸支头而睡，偶取视之乃是唐人诗集《刘随州集》，就以百钱购得，亲加装订珍藏。此书是唐代以来“学者罕见”之本，陆游此番得书虽属偶然，但是对于时时处处留心搜书的陆游来说也算得上是一种“必然”。

陆游求书不辞数百里之远，散百金收购散亡之书，但他并非纯粹为藏书而求书，更反对“近世浅士，乃谓藏书如斗草，徒以多寡相为胜负”。他在《万卷楼记》中很好地论述了藏书与学问二者之间的关系：“学必本于书。一卷之书，初视之，若甚约也。后先相参，彼此相稽，本末精粗，相为发明，其所关涉，已不胜其众矣。一编一简，有脱遗失次者，非考之于他书，则所承误而不知。同字而异诂，同辞而异义，书有隶古，音有楚夏，非博极群书，则一卷之书，殆不可遽通。此学者所以贵夫博也。”他又在《冬夜读书》中这样写道：“归来稽山下，烂漫恣探讨。六经万世眼，守此可以老。多闻竟何用，绮语期一扫。”鲜明地主张藏书的目的即为读书资博。

陆游视搜购于大江南北的藏书为治学之器、修身之助，认为“积书山崇崇”，为的是“探义海茫茫”，因此常常是彻夜开卷研读。

陆游晚年退居故乡山阴，其书斋名曰“老学庵”，这当是他藏书的“书巢”。陆游把自己的书房打趣地称为“书巢”，并饶有兴致地写了一篇《书巢记》，生动地刻画了遨游于书山文海中的无限乐趣：

> 陆子既老且病，犹不置读书，名其室曰书巢……吾室之内，或栖于椟，或陈于前，或枕籍于床，俯仰四顾，无非书者。吾饮食起居，疾痛呻吟，悲忧愤叹，未尝不与书俱。宾客不至，妻子不觌，而风雨雷雹之变有不知也，间有意欲起而乱书围之，如积槁枝，或至不得行，则辄自笑曰：“此非吾所谓巢者耶？”乃引客就观之。客始不能入，既入又不能出，乃亦大笑曰：信乎其似巢也。

鸟类住的地方谓之“巢”，人类住的地方谓之“室”，然而陆游给自己的居室取名“书巢”，有人不理解，问他：“喜鹊在树上筑巢，为了远远离开人们，不受侵害；燕子在梁上筑巢，为了能接近人们；上古有巢氏筑巢，是因为那时还不懂建筑宫室；帝尧时洪水泛滥，老百姓为免受水灾，也曾筑巢而居。现在你有房子，有门有窗有墙，和大家的房子一模一样，为什么你称它‘巢’呢？”陆游回答说：“在我的房里，橱里装的是书，面前堆的是书，床上枕的是书，铺的也是书；往上望，往下看，朝四边看，除了书还是书。我平时饮食起居，病痛呻吟，喜怒哀乐，都和书籍纠缠在一起。有时想走动走动，却被四处堆放的书困住，简直寸步难行。因为书房里堆积的书把我围了起来，犹如鸟儿卧在巢中。这不就是我所说的‘巢’吗？”这人不信，陆游就带他进“书巢”探个究竟，一进门，客人就被书挡住了。客人左冲右突，好不容易挤进去了，可要出来，又被阻住了。这人于是仰天大笑，说：“不假！不假！真是个‘书巢’！”

当鸟儿筑巢的时候，日夜不停地辛勤劳动，一趟趟地飞出去，叼回一根根小草棍、一团团小枯草，积少成多，耐心地趴在坑里搭呀，编呀，非常细心，从不投机取巧。想必陆游构筑“书巢”的过程，也得益于日积月累的搜罗，如鸟儿飞遍大地寻找建巢材料一样，四方采集书画和碑铭来垒起自己的书巢。

书斋一直就是读书人放飞思想的精神家园，历代文人雅士都很讲究自己书斋的命名。屈原在《楚辞》中云：“皇览揆余初度兮，肇锡余以嘉名。名余曰正则兮，字余曰灵均。”人要有“嘉名”，斋名亦然。文人雅士们给自己的书斋命名，或以言志，或以自勉，或以寄情，或以明愿，意味隽永，饶有情趣。如刘禹锡的“陋室”、诸葛亮的“茅庐”及扬雄的“玄亭”，借以表达安贫乐道的情趣和保节操的愿望。林语堂说：“向来中国人的文集取名都很雅致，如同书斋取名一样，可以耐人寻味。”

陆游也如其他中国文人一样，为自己的书房起个室名，自得其乐。他的书斋名“老学庵”，自己解释其命名缘由说：“予取师旷‘老而学，如秉烛夜行’之语名庵。”

师旷是春秋时期晋国的一位乐师，尽管双目失明，仍酷爱学习。一次，礼贤下士、思求上进的晋平公向师旷请教说：“我今年七十岁了，很想学习，但又觉得自己年岁已高，再学习已经来不及了。于是左右为难，十分苦恼。你认为我现在开始学习，是不是已经太晚了？”师旷反问道：“很晚了，可以点蜡烛学习啊！”晋平公听后不由得生气道：“哪有做人臣的随便与国君开玩笑的呢？况且我又是好心求教于你。”师旷示意他不要动怒，然后缓缓地答道：“您误解我的意思了，我这个瞎子大臣怎么敢与国君开玩笑呢？我听说，少年时代爱好学习，好像初升的太阳，光芒万丈；壮年时代爱好学习，好像中午的太阳，光耀夺目；到了老年才爱好学习，好像点的蜡烛，只有那么一点亮光。蜡烛的光亮虽然比不上太阳，但不是比在黑暗中行走要好得多吗？您的岁数虽然大了，但是总比到老后一无所得要强得多吧。学习是永远都不会晚的，只要您真心求学，那些知识所给予您的回馈在任何时候都是无穷无尽的。”晋平公听后茅塞顿开，欣慰地笑道：“你说得很对！我明白了。”

陆游将书斋题名为“老学庵”，就是以师旷论学习的故事来勉励自己要有活到老、学到老的进取精神。

老而弥笃的陆游，晚年犹校书不辍："晁以道著书，专意排先儒，故其言多而不通，然亦博矣。凡予家所录本，多得于以道孙子阖。子阖本自多误，予方有吏役，故所录失误又多，不暇校定。及谢事居山阴，欲得别本参考，又不能致，可恨也。壬戌四月十八曰，老学庵记，时年七十八。"（陆游：《跋晁以道书传》）

晚年的陆游徜徉在书海中，"白头尚作书痴在，剩乞朱黄与校雠"，将校书、鉴书作为唯一乐事，也将其看作是自己藏书活动中的重要内容之一，还注意通过校勘提高藏书质量，并以此为乐："笠泽老翁病苏醒，欣然起理西斋书。十年灯前手自校，行间颠倒黄与朱。"（陆游：《雨后极凉料简箧中旧书有感》）"朱"，指朱砂，红色。"黄"即雄黄。古人校点书籍时，常用红色书写，用雄黄涂抹错别字。

校勘是藏书的必行之道，近代史学大师陈垣先生说："校勘为读史先务，日读误书而不知，未为善学也。"图书在撰述的流传中，难免或疏于记事的失实，或忽于抄写刊刻之遗误，甚而全书流失，藏书家多善校雠而订正之，辑佚而汇聚之。

陆游的藏书，朱黄错互，悉手校雠。他经常从亲戚或朋友那里借来书，或与自己的藏本校勘，或填补所藏本的散落部分。如在淳熙七年（1180）七月，时年五十六岁的陆游在《抄书》诗中写道："书生习气重，见书喜欲狂。捣蘖潢剡藤，辛苦补散亡。且作短檠伴，未暇名山藏。故家借签帙，旧友饷朱黄。"自注云："借书于王、韩、晁、曾诸家。而吕周辅、宇文子友近寄朱黄墨。"对书籍喜爱以至发现珍奇版本时高兴得近乎疯狂。用剡溪产的藤皮漉纸，用捣碎新芽的汁染上颜色，辛苦地补上书散落的部分。

陆游的藏书是随居室放置，虽无专购的书楼，但并不意味着藏书处于无人管理的混乱状态。他对爱护图书作了多方面的设想，如防火、防水、防蠹、防潮等措施。其中，虫害虽然比水火来势凶猛，毁灭性强，但是作为一种慢性的破坏，如果掉以轻心，则损失也是惨重的。因此，陆游对防治虫蠹，慎而又慎。沈括在《梦溪笔谈》中说："古人藏书辟蠹用芸。芸，香草也，今人谓之'七里香'者是也。叶类豌豆，作小丛生，其叶极芬香，秋后叶间微白如粉污。辟蠹殊验，南人采置席下能去蚤虱。"陆游就使用芸草保护藏书的方法，将芸草放在书斋或夹在书页内，由于草中含有挥发油成分，散发出的芳香气味，能起到杀虫的作用，如他在《冬夜读书》诗中写道："善和旧赐今犹在，剩采芸香辟蠹鱼。"为了防止虫蛀，他除了用芸草避蠹，还采用另一种有效的方法——曝书，即在一定的季节晒书。陆游《曝书偶见旧稿有感》等诗都写到晒书情形。在风和日丽的日子，他带领一家老小将藏书曝晒于阳光之下，这样可以去除书中的湿气及蠹鱼虫卵，以保书籍免受损坏。种种保护图书的方法，无不浸透着陆游的心血和汗水。

"人生百病有已时，独有书癖不可医。"（陆游：《示儿》）嗜书成癖的陆游以拥有书籍为生活中的精神寄托和乐趣所在，锲而不舍地蓄书保藏，毕生经营，自始至终没有忘情于他的藏书事业。然而，遗憾的是，陆游并没有实现自己的愿望——筹建一座独立的藏书楼。

对于藏书家们而言，藏书楼不仅是藏书的重地和他们毕生心血的结晶，同时也是藏书家研读精湛、着意丹黄的神圣场所。引起藏书家广泛共鸣的藏书楼，也在传达家族创业艰难、不可懈怠的观念，建构了藏书世家的家族文化记忆。“既是一种物质客体、物质现实，比如一尊雕像、一座纪念碑、空间中的一个地点，又是一种象征符号，或某种具有精神含义的东西、某种附着于并被强加在这种物质现实之上的为群体共享的东西。”藏书楼是具有纪念性质的物质客体，而它们体现的家学传统是可供家族子弟共享的精神象征。

在《放翁家训》中，陆游谈到藏书楼时有这样一段话：“余庆藏书阁，色色已具，不幸中遭扰乱，至今未能建立，吾寝食未尝去心。若神明垂佑，未死间或可遂志，万一赍志及泉，汝辈切宜极力了之，至祝至望。此阁本欲藏左丞所著诸书。今族人又有攘取庵中供赡储蓄及书籍者，则藏书于此，必至散亡，不若藏之于家，止为佛阁，略及奉安左丞塑像可也。此事本不欲书，然势不可不告子孙。言及于此，痛心陨涕而已。”陆游终其一生借书、购书、藏书、献书、抄书、校书、刻书，将自己的全部家财和心血彻底奉献给书籍事业，希望子孙能在一个好的环境中砥砺切磋，沐浴熏陶。然而，拟造藏书阁未果，是他未尽的憾事，他希望将复兴家族藏书事业寄托在最钟爱的小儿子子聿身上，因为他更多地秉承了父亲的志趣。

书香一瓣，递承有素。陆游千方百计地广为搜求图书典籍，悉心妥善地收藏保管，殚精竭虑地披阅研读，精益求精地校雠勘订，严格审慎地遴选透抄，不惜千金地破资刊布，其中很多动人的故事足以感召后人。儿子子聿和其父一样用情于书，这是对父亲良苦用心的最好安慰。子聿酷爱读书，“赖有一筹胜富贵，小儿读遍旧藏书”；更爱藏书，“子聿喜蓄书，至辍衣食，不少吝也。吾世其有兴者乎”？陆游对儿子节衣缩食以藏书表现出由衷的喜悦之情，在他看来，继承藏书之业也是家学兴盛的良兆。

相较于陆游，陆子聿不仅以搜罗典籍为务，更加重视对家族藏书的利用。他以传布典籍为动机，利用家里丰富的藏书和精良的善本，积极参与刻书活动。

古代士人对其藏书有两种态度，其中一种是将藏书束之高阁，渴望自己的藏书“子子孙孙，世代永保”。唐代藏书家杜暹在每卷藏书后面都写上“清俸买来手自校，子孙读之知圣教，鬻及借人为不孝”的诗句，就是这种思想最典型的映现。这种思想自然缘于绝大多数藏书家得书之不易与藏书之艰辛，但很多人对图书的收藏与禁闭确实达到令人难以理解的地步。著名的明代天一阁藏书楼就是如此。楼主范钦为了能守住这一楼藏书，给族中子弟制定了极其严格的家规，要求“代不分书，书不出阁”。也就是说，分家不分书，书是绝对不能离开天一阁的。另外，对登楼阅书者更是有很多清规戒律，比如阁门和书橱钥匙分房掌管，如果不是各房齐集，任何人都打不开天一阁的门，这就用集体的力量，防止了子孙个人或外人擅自进入，避免了书籍的流散。在今天的天一阁内都可以看到严厉的禁令：“子孙无故开门入阁者，罚不与祭三次；私领亲友入阁及擅开书橱者，罚不与祭一年；擅将藏书借出外房及他姓者，罚不与祭三年……”

范家这些严格到近乎苛刻的规定还催生了一个故事。据说，宁波知府邱铁卿的内侄女钱绣云是一个酷爱读书的聪明才女，为求得登阁读书的机会，托邱太守为媒与范氏后裔范邦柱秀才结为夫妻，因为外人是根本不允许进入藏书楼的。婚后的绣云满怀希望，以为这下可以如愿以偿了，但万万没想到，已成了范家媳妇的她还是不能登楼看书，因为族规中有一条规定是不准外姓人和妇女登阁。钱绣云为此竟然郁郁含恨而终，遗命夫君将她葬于阁边，愿以芳魂与书做伴，了却她另一种“青灯黄卷”的夙愿。这一悲剧足以说明天一阁藏书禁约的严格。自己的家人尚且如此，何况外人？

不同于上述“重于守藏而轻于用传”的藏书偏见和陋习，另一类藏书家认为书籍的重要功能在于供人披览阅读，使之丰富知识，充实精神，开启智力。陆子聿秉持的也是此种态度，他通达地处理图书的藏用关系，注意藏书的利用和传播，致力于刊刻善本，以惠来者。

陆子聿曾先后官拜溧阳令和严州知州。为官期间，刻书是其主要内容之一。陆子聿刻有许多诗文集，如石介《徂徕集》二十卷、魏野《钜鹿东观集》十卷、潘阆《逍遥集》一卷等。陆子聿刊刻图书中还有一部分为家集，如陆佃撰《尔雅新义》二十卷、《陶山集》二十卷，陆游撰《老学庵笔记》十卷、《剑南续稿》六十七卷等。其中最典型的是所刻印其父陆游的遗著《渭南文集》五十卷。

陆游之诗作前已有《剑南诗稿》的刻行，而其文章尚无刻本，流传不广，所以陆子聿延请当时杭州著名刻工丁之才、丁松年、马良等二十余人，用上等白棉纸将父亲生前已编次命名的《渭南文集》五十卷精刻行世，并作序称：“盖今学者，皆熟诵《剑南》之诗，《续稿》虽家藏，世亦多传写，惟遗文自先太史未病时，故已编辑而名以《渭南》矣，第学者多未之见，今别为五十卷，凡命名及次第之旨，皆出遗意，今不敢紊，乃锓梓溧阳学宫，以广其传。《渭南》者，晚封渭南伯乃自号为‘陆渭南’。”这个刻本今天也幸而留存，就是藏于国家图书馆的宋嘉定十三年（1220）溧阳学宫刻本《渭南文集》。

每一部书的收藏，可能都经历过藏书家的艰苦访求；每一部书的流传，可能都有一段感人的书林佳话。关于宋本《渭南文集》的传世，还有一个珍本得到神佑的传奇故事。据说此本清初曾由钱谦益绛云楼收藏，绛云楼一场大火付之一炬。幸运的是，在大火之前，“放翁示梦于汲古主人曰：有《渭南文集》一部在某所，可往借之。遂免于厄”。这一孤本遂免于厄，得以保存至今。善本流传人间，全赖神灵呵护，也许这只是后代爱书人面对不可知的天灾、人祸，在痛感人力不济之余，祈求冥冥之中的神灵保佑的精神寄托，折射出私家藏书聚书难，藏书、守书更难的客观情况，却也表达了他们对祈求藏书永保的美好愿望。

陆子聿刊印的这些家刻本，是家族以翰墨为业的历史见证，既可以宣扬祖德，以示诗书门风，又能满足文化世家以先祖遗文整理而传承家学、文献交流而促进学养及著述以达到“立言”的需要。正因为如此，陆子聿对刊刻家集投入了空前的热情和精力。

陆游父子孜孜不倦地进行的藏书之业，在搜集、编修、收藏、校正、刊印等环节事无巨细，无不躬亲，保证一定数量的诗文著述得以完整流传，这不仅使得陆氏一族书香门第的文化气氛更为浓郁，而且对于中华文明的传承也不无裨益。“历史是一条长河，任何个人不过是长河中的一个水分子，且瞬息即逝。唯有一艘不沉的巨轮在长河中由古驶至今，还要驶向永远。它，就是书籍！”中国数千年的文明发展，最离不开书籍。而大量书籍的保存和流传又离不开辛勤的藏书家，从陆琮到陆子聿等众多陆氏子孙，当数其中的佼佼者。

第三节 不及同君叩老师

旧时中国民居中常见的一幕：在堂屋的正中壁上或神龛上，在黑色木牌上用金字漆或用大幅红纸书写“天地君亲师”五个字，也有的装裱成卷轴悬挂起来。人们会毕恭毕敬地礼拜“天地君亲师”牌位，有的人“晨昏三叩首，旦夕一炉香”，有的人每逢初一、十五烧香跪拜。

跪拜，是中国古代最隆重、最高规格的礼节，只有对无比尊重之人才施行此礼。古语云“男儿膝下有黄金”，这是说不得轻易下跪。而这至高无上的大礼自然要行予至高无上的人。在古代人心中，有五尊可当之无愧受此大礼，那便是天、地、君、亲、师。

祭天、地源于对神圣自然的崇拜，人类的一切生存所需都取之于天、地，自然要感念天地的覆载之恩。祭祀君王则源于“君权神授”的观念。在古代中国，君王是国家的象征，故祭祀君王也有祈求国泰民安之意。祭亲，一是感谢父母的生育之恩，二是表达对已故先辈的怀念。祭师是祭拜万世师表——孔子，这其中蕴含着中国人无形的精神信仰和内心深处对教师的敬仰和尊崇。古人把老师与上天、大地、君王、双亲并尊，这足以证明这种职业在人们心中的地位之重要。

古人为何无比尊崇“师”呢？或许我们可以从“唐宋八大家”之首韩愈所作的《师说》中找到答案。《师说》一开头就提出了一个观点：古之学者必有师。自古以来，任何一个人的知识学问，都是从老师那里学来的。如果没有老师的教诲和指导，他们就不能成为人才。韩愈为什么如此强调从师学习的重要性呢？他认为：“人非生而知之者，孰能无惑？惑而不从师，其为惑也，终不解矣。”人不是生下来就有知识、懂道理的，谁能没有疑惑？有疑惑而不从师学习，那他疑惑的问题，就始终无法解决。

“指引者，师之功也。”老师正是那个能起到指示门径作用的人。孔子在评价子路的学业情况时说：“由也升堂矣，未入于室也。”孔子把知识看成是一座雄伟的殿堂，在这座殿堂里有门墙，有台阶，有堂奥，要进入都得有人指示门径，否则就会碰壁或误入歧途。陆游就曾尝到过忽视求师的苦头，在学习过程中走了不少弯路。“年几二十，始发愤欲为古学。然方是时，无师友渊源之益，凡古人用心处无所质问，大率以意度，或中或否，或始疑其非，终乃大信，或初甚好之，已而徐觉不可者多矣。然亦竟不知所谓是且非者卒何如也。”他从教训方面说明学习掌握一门知识不能离开老师的指导。

学必有师，首重尊师。子贡尊师、张良拜师、程门立雪等，无论是民间口耳相传还是经典中文字记载的小故事，都负载着世代中国人“尊师”的观念。

东西山岭环抱、逍遥谷溪水缓缓南流、嵩岳寺溪水汩汩西来，这处清幽的读书讲学之所嵩阳书院，在900多年前还发生过一桩“程门立雪”的尊师美谈。

有一个名叫杨时的宋朝人，虽然年过四十，且已考中进士，有了一定名望，却依然勤学不辍。一天，他在学习中碰到疑难问题，便和同学游酢结伴赶到老师家去请教学问。不巧，程颐正在睡觉。二人见此便一声不响地侍立在门外，生怕惊动了先生。此时恰逢隆冬时节，风越刮越急，鹅毛大雪顿时纷纷飘下。虽然觉得很冷，二人却不肯就此离去。等到程颐醒来，杨时、游酢已经像雪人了，脚下的积雪足足有一尺来厚。程颐看了深受感动，于是将自己平生所学倾囊相授。正是在程颐的悉心教导下，杨时才最终成为一代理学宗师。

“程门立雪”的故事被奉作尊师重道、虔诚求学之典。其实古代还有不少有成就的学者，也很注重向名师求教，陆游的祖父陆佃便是其中一位。

据《宋史·陆佃传》记载，陆佃“居贫苦学，夜无灯，映月光读书。蹑屩从师，不远千里。过金陵，受经于王安石”，成为苦学的典范。读书需要灯油和纸笔，陆佃却因家境穷困而买不起，只能如凿壁借光的匡衡、囊萤的车胤、映雪的孙康一样，在艰苦的境况下，孜孜不倦地专心求学。有时，夜间没有灯烛，好学的陆佃就借着月光读书。无论炎夏还是寒冬，他从不放过一个月光明亮的夜晚。月亮西斜，他便搬一梯子依靠墙壁，站在梯上读书。月亮慢慢西沉，他便一级一级地爬高，利用月光光线照着书本读书，直到爬至屋顶。他还经常因为读书读得入迷，失足从梯上掉下来，连泥土也来不及拂掉，便又爬上梯子，继续专心读书。

为寻求名师，陆佃在二十四岁的时候，就敝衣烂履，不远千里，拜谒了仰慕已久的王安石。此时王安石得以摆脱政务，丁忧返乡。这里所说的“丁忧”，是指古代官员的父母死去，官员必须停职守制的一种制度。具体说来，就是朝廷官员的父母亲如若死去，无论此人任何官何职，从得知丧事的那一天起，必须回到祖籍守制，期限为三年。居丧期间要吃、住、睡在父母坟前，不喝酒、不洗澡、不剃头、不更衣，并停止一切娱乐活动。王安石居丧服阕后，潜心治学，设幄讲学。陆佃得此机会，拜在其门下，从王安石受经义、训诂，一朝实现生平夙愿。

王安石礼贤下士，对这位慕名追随、出类拔萃的有志青年心生喜爱，“义兼师友，进退鲜俪”，既有慈父般的温暖，也有严师的一丝不苟。陆佃也把老师的教诲比作“春风濯我，暴之秋阳”。严师高徒，切磋琢磨，两人结下了很深的师生情谊。不管王安石官位显赫还是失势居家，陆佃均奉师殷勤，经常登门拜访，或书信问候。

熙宁三年（1070），陆佃应举入京。此时，恰逢宋神宗与王安石大张旗鼓地推行新法。当王安石向陆佃征询对新法的看法时，陆佃眉头深锁，神情黯然，不知他闷着什么心事。原来，就陆佃接触社会的实际情况，青苗法的实施已经偏离了“用天下之力，以生天下之财”的指导原则，也违背了立法条文的本意。新法在实施中出现了诸多问题，完全背离了有利于发展生产这个前提，而成为不择手段地、无限制地追求庞大的财政收入的法令，加上官吏乘机非法勒索，原来以为可以富国裕民的“新法”，现在变为富国贫民而并不“福国”的法令了。

陆佃的内心十分矛盾，一方面自己并不完全赞同王安石的做法；另一方面，他深知“疾学在于尊师，师尊则言信矣，道论矣”，按照儒家文化的传统，师之所教带有相当的权威性，不容置疑。沉思片刻，有着“吾爱吾师，吾更爱真理”的真性情的陆佃缓缓说道：“法非不善，但推行不能如初意，还为扰民，如青苗是也。”在处理与王安石的关系上，陆佃秉持着自己在《送李泰叔序》中提出的观点：“不为事蔽，以明择其始，以刚保其终。”

自己的得意之处被门生公然而毫不留情地批评，王安石听后心有不悦。他对陆佃的学业和前途是处处关心，尤其是对他的政治前途，更是倍加关注，他本想将高足任用为得力助手，打算一有机会便竭尽全力向朝廷举荐陆佃。但是面对陆佃对待新法的态度，王安石心中的恼火可想而知。

后来，宋神宗病逝后，年幼的宋哲宗即位，由高太后垂帘听政，政治形势又起了一个反复，司马光等昔日的重臣们又得以重新掌政，于是尽废新法。

这一时期，适逢北宋朋党斗争日益激烈之际。朋党倾轧是北宋政治上的大难题，更是令朝廷不安的一大乱源。总的来看，变法派的代表是王安石，反对派的代表是司马光。两派形成剧烈的政治斗争，只要有一方斗争获胜，就立刻打击报复对方。

王安石当权时，门庭兴盛，其弟子中卓然自立者，不下数十人，且言必提王安石。可如今当王安石失势后，原先信誓旦旦与他志同道合的许多老朋友，并没有继续站在他这一边。在王安石最为困难之时，他们没有伸出援助之手，有的明哲保身，三缄其口；有的干脆投靠新贵，落井下石。

以前门庭若市、高朋满座的盛况已经没有了。如今门庭冷落，冷冷清清，简直到了门可罗雀的地步。真是路遥知马力，日久见人心啊！令王安石感到欣慰的是，陆佃虽然对新法的推行有所保留，但却顾念师生之情，一如既往地对恩师崇敬有加，尽弟子之职。

新法被旧党全部废除，王安石不久便抱憾病逝。王安石的葬礼在家中简单举行，修斋理七，开丧出殡，参灵的只有夫人、弟弟几个人，冷冷清清。旧日门生故旧大都躲着不来举哀吊唁。尊师如重亲的陆佃悲痛难抑，不顾朝廷霜冷、不避权贵，“率诸生供佛，哭而祭之”，还敢于写诗作文深情悼念王安石：“惯识无心有海鸥，行藏须向古人求。皋陶一死随神禹，孟子平生学圣丘。雕纂想陪清庙食，玉杯应从裕陵游。遥瞻旧馆知难报，绛帐横经二十秋。”（陆佃：《丞相荆公挽歌词》）说自已跟从王安石学习二十年，桩桩件件的琐事早已累积出对恩师的真实感情，并且在心中默认王安石为自己终生的老师。陆佃还撰有《祭丞相荆公文》，认为王安石的言行符合圣人的标准，以短短十六字勾勒出老师的风貌，“唯公之道，形在言行，言为《诗》《书》，行则孔孟”。

《白虎通义·丧服》云：“弟子为师服者……生则尊敬而亲之，死则哀痛之，恩深义重，故为之隆服，入则绖，出则否也。”古时学生尊师，不但在老师生前敬重不怠，而且在老师死后临吊有加。东汉明帝尊师之风，在历代皇帝中是较为典型的。汉明帝刘庄为太子时，博士桓荣是他的老师，后来，他继位做了皇帝，“犹尊桓荣以师礼”。刘庄曾亲自到太常府去，让桓荣坐东面，设置几杖，像当年桓荣老师讲学时一样，聆听老师的教导。他还将朝中百官和桓荣教过的学生数百人召到太常府，向桓荣行弟子礼。桓荣生病了，明帝就派人专程慰问，甚至亲自登门看望。每次探望老师，明帝都是一进街口便下车步行前往，以表尊敬。当朝皇帝对桓荣如此，所以，“诸侯、将军、大夫问疾者，不敢复乘车到门，皆拜床下”。桓荣去世时，明帝还“亲自变服，临丧送葬”。

作为一国之君的汉明帝“执弟子之礼”，对恩师桓荣如此尊敬，可为天下人的典范。生活在师道复兴的宋代的陆佃，亲历“庠塾崇师道”的文教盛况，自然也懂得“尊德而隆师”的道理。

在参与编撰《神宗实录叙论》时，陆佃又大胆地肯定王安石的“民不加赋而国用饶”的理财方针，这保证了国家税收，使得内外府库出现了“无不充衍”的局面。变法的效果怎样？元丰年间的经济气象，已见端倪。“造元丰间，积粟塞上，盖数千万石，而四方常平之钱，不可胜计。”政府税收的猛增，有力地扭转了国家财政困难的局面，达到了“富国的目的”。这样的辉煌怎能说王安石的变法是失败的呢？

陆佃对王安石的学术地位也甚为推崇，称荆公：“进已见大儒之效，退将为百世之师，谁可当者？”王安石教学态度严谨，循循善诱，深入人心，对学生有深刻的影响。“雨而无盖，护商也之非，风乎舞雩，嘉点尔之志。具蒙善诱，深被乐成。”陆佃曾无限感激留恋地记述一次梦景说：“后此一夕，梦侍荆公如平生，予书‘法云在天，宝月便水’二句。‘便’，初作‘流’字，荆公笑曰：不若‘便’字为愈也。既觉，怅然自失。念昔横经座隅，语至言极，迨今阅二纪，无以异于昨夕之梦。”（陆佃：《陶山集》卷十一）骑驴游山，提经负凳，与诸生言笑自如，既有慈父之情，更有严师之恩，还有朋友之谊。王安石这种教学态度与作风，使学生在二十余年后还记忆犹新，实在难能可贵。

“夫然，故安其学而亲其师，乐其友而信其道，是以虽离师辅而不反也。”对于陆佃来说，尊师既是一种态度，更是一种最为高效的学习方法。正是因为他推崇王安石的道德、学问，并好学善思，能领会荆公新学派的经学精髓，进而能继承王安石的衣钵，精于礼家、名数之说，著述宏富，为宋世经儒之杰。陆佃自始至终保持着对授业恩师王安石的敬仰，成就了一段师生间的交谊佳话，也让陆氏子孙从其先祖身上看到了师道尊严的无形威力，看到了尊师重道的经典标本。

陆游恪守师道，来自家传。他曾私淑吕本中，又师从曾几学诗，还屡次回忆拜师曾几门下之事，如《赠曾温伯邢德允》中记载：“发似秋芜不受耘，茶山曾许与斯文。回思岁月一甲子，尚记门墙三沐熏。”晚年，陆游作《跋曾文清公奏议稿》，署款仍为“门生”。

陆游师从曾几，那么他从曾几那里继承了什么呢？莫砺锋认为陆游从曾几等人那里学到了“活法”与“养气”。

“养气”属于人格修养方面的内容，强调作家的人格对于创作的作用。陆游在《上辛给事书》中说：“贤者之所养，动天地，开金石，其胸中之妙，充实洋溢，而后发见于外，气全力余，中正闳博，是岂可容一毫之伪于其间哉！”陆游说自己养气的体会是：“某束发好文，才短识近，不足以望作者之藩篱，然知文之不容伪也，故务重其身而养其气，贫贱流落，何所不有，而自信愈笃，自守愈坚，每以其全自养，以其余见之于文。文愈自喜，愈不合于世。”陆游所倡导的是以人格的向上为养气。陆氏忠义奋发，其诗为南宋一大家，根基盖在于此。

“气”是与主体的道德人格相联系的精神气质，崇高的人格境界则表现为至大至刚的浩然之气，是为坚持理想而不屈不挠的气节。在当时的历史背景下，这里所倡言的气节主要是指向抗金复国的不屈志向以及决不向主和派妥协的斗争精神。

陆游在《跋曾文清公奏议稿》中记述了绍兴三十一年自己在会稽谒见曾几的印象。当时金主完颜亮亲率大军南下侵宋，曾几住在会稽，陆游屡屡去谒见老师，共同讨论国事，忧怀时政：“绍兴末，贼亮入塞，时茶山先生居会稽禹迹精舍，某自敕局罢归，略无三日不进见，见必闻忧国之言。先生时年过七十，聚族百口，未尝以为忧，忧国而已。”可以说，在陆游成长的道路上，除了家庭的教育和熏陶，老师曾几是又一位重要人物。

在北宋诗歌向南宋的过渡中，曾几起了非常重要的作用，正好把元祐诗坛和南宋“中兴四大家”这两个诗歌发展的高潮连接起来。他兼通诗学与理学，陆游曾这样评价老师：“公治经学道之余，发于文章，雅正纯粹，而诗尤工，以杜甫、黄庭坚为宗，推而上之，由黄初、建安，以极于《离骚》《雅》《颂》、虞夏之际。初与端明殿学士徐俯、中书舍人韩驹、吕本中游，诸公继没，公岿然独存，道学既为儒者宗，而诗益高，遂擅天下。”

曾几是一位坚定的爱国者，更为难能可贵的是他将自己的爱国思想传递给学生，他赠陆游的诗中说：“江湖迥不见飞禽，陆子殷勤有使临。问我居家谁暖眼，为言忧国只寒心！”（曾几：《雪中陆务观数来问讯，用其韵奉寄》）可以看出，曾几、陆游师徒二人，在国家危难之际，对彼此的爱国情怀都惺惺相惜，深表认同。

“活法”说首先由吕本中提出，曾几大力奉行，陆游对此也深信不疑。曾几对陆游的指导“文章切忌参死句”与“律令合时方帖妥，功夫深处却平夷”，要求他在掌握了法度之后随心所欲写作，而不是简单地套用、模仿前人的诗句。

曾几对陆游很是爱惜和赏识，在《陆务观效孔方四舅氏体倒用二舅氏题云门草堂韵某亦依韵》一文中说：“陆子家风有自来，胸中所患却多才。学如大令仓盛笔，文似若耶溪转雷。襟抱极知非世俗，簿书那解作氛埃。集贤旧体君拈出，诗卷从今盥手开。”言语间饱含热切期待，从陆氏家风起笔，指出陆游非凡的文学才华，更看重陆游的“襟抱”，认为极非世俗之人可比。

作为老师，曾几对陆游爱之深，期之远，而陆游也不负师望，一生的成就亦足以告慰先师。陆游在文学上得到了曾几的真传，并且是青出于蓝而胜于蓝。宋元之际评论家方回就说，读曾几诗“如冠冕佩玉，有司马立朝之意，用江西格，参老杜法，而未尝粗做大卖。陆放翁出其门，而其诗自在中唐、晚唐之间，不主江西，间或用二一格。富也，豪也，对偶也，哀感也，皆茶山之所无”，又说“放翁诗万首，佳句无数，少师曾茶山，或谓青出于蓝”。正是在曾几的引领、教诲之下，陆游才超越师承，成了拥有独特诗风的大家。

为了纪念自己和曾几之间的师生关系，陆游后来在严州第一次刊刻诗集《剑南诗稿》时，把《别曾学士》置于开卷第一首：“儿时闻公名，谓在千载前。稍长诵公文，杂之韩杜编。夜辄梦见公，皎若月在天。起坐三叹息，欲见亡由缘。忽闻高轩过，欢喜忘食眠。袖书拜辕下，此意私自怜。道若九达衢，小智妄凿穿。所愿瞻德容，顽固或少痊。公不谓狂疏，屈体与周旋。骑气动原隰，霜日明山川。匏系不得从，瞻望抱悁悁。画石或十日，刻楮有三年。贱贫未即死，闻道期华颠。他时得公心，敢不知所传。”

对于编年别集而言，其首卷诗文不按编年的“破例”尤有深意。钱锺书分析指出：“《别曾学士》开卷，如《山谷内集》之以《上东坡诗》开卷，《后山诗集》之以《哀子固诗》开卷，宋人常有，所以明学问之渊源也。”陆游为了纪念恩师为自己的成长播下最初的种子，当有饮水思源、不忘师长教诲的深意。

吴郡陆氏家族尊师之风盛行是与家庭成员以身作则、以礼待师的做法分不开的，无论是陆佃还是陆游都表现出对教诲自己的师长的尊敬和礼貌，可见在陆氏家族中已形成了尊师风尚。尊重老师，肯定教育，重视知识，这种尊师的风尚成为陆氏家族保持诗书传家的一股强大动力。

第四节　莫改家传折角巾

“我今仅守诗书业，汝勿轻捐少壮时。”（陆游：《小儿入城》）饱受家学熏陶的陆游，临深履薄以家学传承为己任，心怀保持传承并发扬光大家族文化精神的决心与责任，希望通过自己的努力能够传先哲之精蕴，启后学之困蒙，使后世子孙“莫改家传折角巾”，不改世代文人之风。

诗句中提到的“折角巾”，即为文士之冠，魏晋南北朝以来，学士皆以角巾为雅。关于“折角巾”，还有一个有趣的故事。《郭林宗别传》曰：“林宗尝行陈、梁间，遇雨，故其巾一角坫而折。二国学士著巾，莫不折其角，云作林宗巾，其见仪则如此。”汉末的清流名士郭林宗精通经籍，知人善教，品才出众，显名太学，是太学诸生三万余人的领袖。由于郭林宗在当时有很大的名气，他的衣着打扮自然也是令人瞩目。一日，郭林宗路上遇雨，头巾沾湿，一角折叠。原本是无意间形成的头巾形状，时人见之纷纷效仿，故意把头巾折下一角，而形成风气。陆游希望后人传承“折角巾”，意在沿袭诗书传家的传统，不失世儒大族之门风。

陆游以高祖陆轸为榜样，向子孙言明自己的家世，表白诗书弦诵、传承家学的决心与责任：“吾家太傅后，衿佩盛青青。我忝殿诸老，汝能通一经。学先严诂训，书要讲声形。夙夜常相勉，诸孙待典刑。”（陆游：《示子遹》）一个家族文化的积淀和延续，诗书传家是其重要载体，是留给子孙后世最为宝贵的精神财富，故而为子孙后世所珍视。

在陆游的印象里，高祖陆轸应是皓首穷经的学者，更是文质彬彬、衣冠楚楚的谦谦君子，这从陆轸的服饰中就可以看出。“辨其名物，辨其用事，设其服饰”，服饰作为一种无声的语言，可以代表不同的身份、地位。《诗经 · 郑风 · 子衿》：“青青子衿，悠悠我心。”整首诗叙述了一个女子期待与心上人见面时矛盾焦急的心理感受和独白，她思念的不是男子英俊的五官和魁梧的身材，而是青青的子衿。汉代毛亨解释说：“青衿，青领也，学子之所服。”青色有一种脱俗的美感，所以成为后世士人的首选。

陆轸“温润如玉”的君子风范，得益于孜孜不倦地读书。陆游希望子孙能够像高祖一样通过读书，在幽幽书香潜移默化的熏陶下，变得清雅、淡泊、平和。陆游极重家风的营造，不仅以祖先文德基以绍、诗礼泽本长、经诗书华章的美德鼓励族人勤奋学习、刻苦攻读，秉持儒雅为业，更重视以身作则，在一举一动中为孩子们树立勤奋好学的榜样。

“我性苦爱书，未始去几案。生虽后三代，意尚卑两汉。世衰道术裂，年往朋友散。泽居贫至骨，霜冷衣露骭。犹能乐其乐，肯发穷苦叹？尔来更可笑，身衆儿炊爨。一饱辄欣然，弦诵等雍泮。望古虽天渊，视俗亦冰炭。阿遹可怜生，相守忘夜旦。孤学当世传，岁月不可玩。”（陆游：《读书示子遹》）陆游常常一个人坐在一间房里，闭门苦读，身边放满了书籍，时而俯下身子认真读书，时而抬起头来若有所思，有了心得体会则马上记下来，往往达到废寝忘食的地步。

身教重于言教，陆游的子孙看到他勤学苦读的治学态度，他们会有感受，哪怕只是些微小的触动，都是思考的开始，是教育的开始。“月行南斗边，人归西郊路。水风吹葛衣，草露湿芒履。渔歌起远汀，鬼火出破墓。凄清醒醉魂，荒怪人诗句。到家夜已半，伫立叩蓬户。稚子犹读书，一笑慰迟暮。”（陆游：《夜出偏门还三山》）一日，陆游深夜晚归，一路上孤身一人，身穿葛衣，脚着草鞋，耳听渔歌，眼观磷火，耳目所及皆为凄清阴冷的景象，心中难免生出孤独惆怅之感。可是当他踏进家门时，隐约听到了琅琅的读书声，仔细一看，窗隙里还漏出一缕昏黄的灯光，原来是幼子在挑灯夜读。孺子可教，陆家后继有人！想到这儿，一种温暖、一种慰藉、一种希望不禁涌上陆游的心头。

自幼深受祖、父精神熏陶与教诲的陆游，不仅力承家学，也以自己的行动为子孙营造了家庭良好的读书氛围。陆游对子孙读书教育的重视，还体现在以自己的治学经验为基础，对子孙教导以读书之道等。

“我初学诗日，但欲工藻绘。中年始少悟，渐若窥宏大。怪奇亦间出，如石漱湍濑。数仞李杜墙，常恨欠领会。元白才倚门，温李真自郐。正令笔扛鼎，亦未造三昧。诗为六艺一，岂用资狡狯？汝果欲学诗，工夫在诗外。”（陆游：《示子遹》）在这首《示子遹》中，陆游简要论述了自己所经历的创作道路，向儿子指出诗家正途——“工夫在诗外”。

什么是“诗外”的“工夫”呢？钱锺书先生在《宋诗选注》中论曰：“陆游借这些话来说：诗人决不可以关起门来空想，只有从游历和阅历里，在生活体验里，跟现实——‘境’——碰面，才会获得新鲜的诗思——‘法’。”有关诗的格律、声韵、辞藻，以及古代诗作名家的写作风格、技巧等方面的“书内”知识，固然应当重视并努力学习和掌握，但陆游通过总结自己的学习经验，指出不要仅埋头书本，而要从亲身实践中学习，使学与行结合起来。这个主张陆游在《冬夜读书示子聿》中也曾明确提出：“纸上得来终觉浅，绝知此事要躬行。”陆游的诗虽不能完全摆脱江西派讲究“夺胎换骨”“点铁成金”“闭门觅句”的影响，但他却每每不满于寻章摘句的方法，身之所历，山川风土、人情事物之变，皆著之于诗。走出书本，不唯学而学，是陆游融合个人的人生阅历和治学创作经验，希望能给晚辈们在治学过程中予以指导和借鉴，这正是儒家所强调的“力学而得之，必充广而行之”。

“六十余年妄学诗，功夫深处独心知。”（陆游：《夜吟》）陆游将学诗看作恪承家学的重要途径，还总结出很多独特的学习方法。他的经历、经验对后人治学是非常有益的，有利于学习的人少走弯路。

治学之本，读经守道。陆游提出：“六经如日月，万世固长悬。学不趋卑近，人谁非圣贤？马能龙作友，蚋乃瓮为天。我老空追悔，儿无弃壮年。”（陆游：《六经示儿子》）他将《诗》《书》《礼》《乐》《易》《春秋》六部儒家经典著作比作“万世固长悬”的日月，将其作为治学之本。儒家治学，就是要探求“内圣外王之道”。而“内圣外王之道”只有在以“六经”为代表的儒家经典中去寻找。因此，陆游说“道在六经宁有尽”，读经最看重的是其中的“道”。“遗经在椟传家学，大字书墙作座铭。”（陆游：《自述》）他希望儿子借助“六经”的学习通经明道，传承家学。

如何才能通经明道呢？“六艺江河万古流，吾徒钻仰死方休。沛然要似禹行水，卓尔孰如丁解牛？老惫简编犹自力，夜凉膏火渐当谋。大门旧业微如绵，赖有吾儿共此忧。”（陆游：《六艺示子聿》）善于读书的人，往往能够“读书得间”。“间”就是一定的空隙和路数，“读书得间”就是说能看出书中思想的空隙，发现其中的问题，理解其中的深意。从“空子”里钻进去，可以事半功倍。

《庄子·养生主》中“庖丁解牛”一段，很形象地讲了这个道理。庄子说：“良庖岁更刀，割也；族庖月更刀，折也。今臣之刀十九年矣，所解数千牛矣，而刀刃若新发于硎。彼节者有间，而刀刃者无厚；以无厚入有间，恢恢乎其于游刃必有余地矣。是以十九年而刀刃若新发于硎。”

庖丁肢解牛体时，能看准牛骨节之“间”下刀，刀刃运行于盘根错节的骨肉筋脉的空隙中，所以大有回旋的余地。治学何尝不是如此？陆游借“庖丁解牛”的故事，鼓励孩子们读书作文都重视“间”，体会丰富情意于语言文字形迹之外，以得到弦外之音、象外之旨，从字里行间探寻言语传达不尽的意思，“独得先圣微言大义于语言文字之外”。

“人生至乐，无如读书；至要，无如教子。”这是宋代士大夫重视对子弟后辈文化教育的共识。陆游和范仲淹、欧阳修、邵雍、司马光、苏轼、黄庭坚等名人贤士一样尽心训子，不仅自己手不释卷，而且亲自利用仕宦之余暇，传授子弟知识，促使子弟成才。

为了不断督促儿女们，更为了能帮助儿女们理解“六经”中的奥义，作为儿女们的良师益友，陆游还亲自讲授，常常和孩子们一起读经，分享读书的快乐。“父子更兼师友分”，陆游对子女既严格要求，又不乏热情的鼓励和循循诱导，将毕生的治学心得和体验倾囊相授，亦师亦友、砥砺切磋。“经中固多趣，我老未能忘。似获连城璧，如倾九酝觞。信能明孔氏，何暇傲羲皇。努力晨昏事，躬行味始长。”（陆游：《与子聿读经因书小诗示之》）

“夜深青灯耿窗扉，老翁稚子穷相依。”“自怜未废诗书业，父子蓬窗共一灯。”“更喜论文有儿子，夜窗相对短檠灯。”明月临窗，青灯如豆，在陆游的诗中，反复出现父子同窗共读的一幕。

教子不易，教孙亦颇不易。“诸孙入家塾，亲为授三苍。”“身近九原儿亦老，一经犹欲教诸孙。”一卷书，一盏灯，祖父谆谆教，孙儿朗朗吟，写得出的是慈亲，写不尽的是慈心！

与儿孙读经论道，不但为陆游退隐后的家庭生活平添了许多天伦之乐，让枯燥的学术生活变得轻松而富有乐趣，更让儿孙们体会了读书人“幽窗灯一点，乐处超五欲”的清心寡欲的求知意境。

“诗书六十余年梦，更拟传衣付小儿。”自己与书籍相伴一生，又尽心竭力地课子教孙，期冀子孙也能如虔诚的佛教僧尼代代衣钵相传一样，善守衣钵，勿堕宗风，始终保持陆氏家族的文化特色。陆游的子孙也没有辜负他殷切的期望和悉心的教诲，不论为民为官，都严守诗书“儒风”。

第三章

居官忠廉

眼见山河破碎，陆游深感“天下岌岌，生民救死不暇”，少年时代便立下大志，誓要考取功名，施展他经邦济世之才能。陆游历经三次大考，寒窗苦读数十载，其科考之路可谓崎岖而漫长，其仕宦之途也同样屡遭挫折。他学务经世，名重当时，却生不逢时，仕途乖蹇。

一心报国的陆游，在现实中却遇到了太多阻碍。他仕宦凡五佐郡、四奉祠、三遭贬，仕时所处皆散地，所居皆闲职，贬时之罪名又皆荒诞无稽，这与诗人欲实现“少年志欲扫胡尘”的壮志相差太远，功名、宦游转头成空。虽经历宦海数度升沉，但无论达与穷、顺境与逆境，他为国尽忠，并非以干禄为事，而是盼望有亲临前线、杀敌立功的机会，从来没有改变过收复中原的志向。

一生为官的陆游，半生游宦，半生奉祠，颇多坎坷，但是他还是希望儿子们“长成勉作功名计，勿学衰翁老一经”，教育他们勤奋学习，鼓励他们“愿闻下诏遣材官，耻作腐儒长碌碌”，借科举考试入朝为官，成为“策名委质本为国，岂但空取黄金印”的忠廉之臣。

第一节　我年十六游名场

眼见山河破碎，陆游深感“天下岌岌，生民救死不暇”，少年时代便立下大志，誓要考取功名，施展他经邦济世之才能。古代青年学子的理想，就像《神童诗》里所说的“朝为田舍郎，暮登天子堂”，通过科举实现自己的人生梦想。陆游也不例外，在当时的历史条件下，“士以功名自许，非得一官，则功名不可致”。只有通过科举擢士，走学而优则仕的道路，才能进入仕途，为国效力。然而才学横溢的陆游，科举征途却屡遭挫折，颇为坎坷。

为体现“抡才大典”的庄严性，历代都将考官的选拔视为科举考试的头等大事。宋代开国君臣对于唐末五代以来武将专权、藩镇割据所造成的政权更替、战乱不已的动荡局面有着深刻的认识，有鉴于此，赵匡胤在“黄袍加身”建立宋朝后，就有意识地削弱、抑制武将的权力，于是早在宋太祖、宋太宗时，就确立了“以文治国”“与士大夫共治天下”的国策，需要选拔大批读书人进入官僚机构。宋太祖曾经对身边重臣赵普说："五代方镇残虐，民受其祸。朕今选儒臣干事者百余，分治大藩，纵皆贪浊，亦未及武臣一人也。"为此，太祖、太宗皇帝对唐、五代以来的科举取士制度进行了一系列的改革、完善。宋代的科举制虽然基本上沿用了唐制，有常科、制科和武举，但又随着变化了的形势有许多创新和发展。相比之下，宋代常科的科目比唐代大为减少，其中进士科仍然最受重视。除进士科之外，其他科目总称诸科。

> 宋代进士科为朝野所重，进士及第后不仅授官优渥，升迁亦快，不十年而成为公卿者比比皆是。宋代恩荫虽滥，但由恩荫得官之人，所授之官很小，以后要想升迁也很困难。到南宋时，除少数宰执大臣的子弟能授予正九品的小京官以外，对绝大部分官员的子弟只能授予从九品的选人（低级文官），甚至不入流的散官。

恩荫入仕是历代皇帝优宠官员的重要举措，官员依据品阶的高低可以奏请数名子弟入仕为官，宋代也不例外。高宗为了求得士大夫对自己的支持，恩荫更趋于冗滥。绍兴七年（1137）十月，"中书舍人赵思诚入对，论任子之弊，以为每遇亲祠之岁，补官者约四千人，是十年之后增万二千员，科举取士不与焉"（李心传：《建炎以来系年要录》卷一百五十）。

恩补者人数虽众，但是由于荫补者整体素质低下，因而也不可能受到朝廷的重用。宋代对荫补入仕者和科举出身者的待遇有着天壤之别，导致那些从小耳濡目染、受家学熏陶，文化素质较高而耻于以恩荫得官、非科举出身的荫补者，为了求得仕途的通畅，以改变自己的命运，获取进士的身份，获得与科举出身者相同的机会，都积极地去应举。因为宋制允许在职官员锁其厅门不办公事而去应试，因而人称“锁厅试”。

在陆游的《老学庵笔记》中亦有记载：“命官锁厅举进士者，先所属选官考试所业，通者方听取解。至省试程文纰缪者，勒停；不合格者，亦赎铜放，永不得应举。天圣间，方除前制。然未久，又诏文臣许锁厅两次，武臣只许一次，其严如此。”校试合格，取解至礼部；不及格则停其官。

据学者何忠礼的考辨：“参加锁厅试的人，不能在户籍所在地的州郡与一般士子一起参加州郡发解试，而必须集中到路一级的监司所在地，由转运司别设试场单独进行考试，目的显然是防范有官人利用权势徇私舞弊。转运司又称漕司，故锁厅试有时也称漕试。但是，与州郡发解试相比，漕试的解额要宽得多，所以从北宋中后期起，特别是到了南宋，漕试竟然成了优待有官人参加科举考试的一项措施。陆游的户籍在两浙路绍兴府山阴县，所以他作为一名有官人，就必须到两浙路转运司的所在地临安府去参加锁厅试。”

出身于官宦世家的陆游本可以凭借“恩荫任子制度”，不用靠自己一丝一毫的奋斗和努力就获得一定的地位和权益，更无须寒窗苦读、与士庶竞争高低，由父荫所授之官为登仕郎，成为一名不入流的散官，但他最终还是选择了参加“锁厅试”，以成就功名。

绍兴十年（1140），陆游也像当时普通的少年那般走上了科举之路。他以荫补登仕郎的资格，赴临安参加“锁厅试”。《灯笼》一诗，便是那段生活的真实写照。“我年十六游名场，灵芝借榻栖僧廊。钟声才定履声集，弟子堂上分两厢。灯笼一样薄腊纸，莹如云母含清光。还家欲学竟未暇，岁月已似奔车忙。”陆游与从兄陆伯山等一批亲戚友人同赴杭州，一行人借宿在灵芝寺的僧房里。一群年轻的同伴志趣相投，谈吐相契，往来日勤。他们或秉烛窗下，研习经文，谈古论今；或结伴远游，登山观水，吟诗咏酒。酬答唱和之中而潇洒畅达，好不快哉！与一饱难求，无衣御寒，连区区舟车之费都成了巨大负担的寒士不同，这些世家子弟寄情山水，领略了都城的豪华与西湖的秀色，在文学交流、共同游冶之中建立起友谊。

在《跋范元卿舍人书陈公实长短句后》中陆游也提道：“绍兴庚申、辛酉间，予年十六七，与公实游。时予从兄伯山、仲高、叶晦叔、范元卿皆同场屋。六人者，盖莫逆也。”文中提到的“场屋”，是为科举考试而修建的专用考场，又被称为“贡院”，是南宋都城与各处郡城中常见的一种建筑物。贡院是中国一千多年间知识分子魂牵梦萦的一个地方，从唐宋至明清大部分政治家、文学家、著名学者都曾经在这样的小空间里苦思冥想过，奋笔疾书过，这里是他们人生走向辉煌的起点。

从这些仅有的记载中可以看出，陆游在当年确实参加了锁厅试。虽然陆游未能金榜题名，但是此次赴京应举也并非全无收获。通过这场考试，他结识了一些志同道合的朋友，领略了人生的另一种风光，见识大为长进，但是也第一次备尝科场失意所带来的惆怅与失落。

绍兴十一年（1141）十二月二十九日，秦桧以“莫须有”的罪名将北伐抗金名将岳飞、其子岳云及部将杀害。一代名将岳飞屈死风波亭，天下人无不为之扼腕叹愤：“天下闻者，无不垂泪；下至三尺之童，皆怨秦桧。”

岳飞也是陆游最为崇拜的英雄，绍兴间，与伪齐、金兵战，屡立战功。绍兴十年（1140），岳家军挥师北伐，连克蔡州、郑州、洛阳，取得郾城大捷。只待援军一到，收复京师如囊中取物。岳飞欲渡淮河，乘胜追击。然而，高宗朝却是有复兴之臣，无复兴之君。在收复中原即将实现的大好形势下，赵构却听信秦桧的谗言，想利用此时机与金军议和，于是让各路宋军班师，岳家军遂成孤军之势。接着，连发十二道金牌，急召岳飞班师回朝，理由是“孤军不可深入”。岳飞无奈之下，只得按旨意行事。他望着抗金义士用生命和鲜血换来的中原沃土，愤慨泣下。岳家军的众位将士见此，也无不怆然泣下。百姓听闻岳飞班师的消息，担心金兵势必会卷土重来，于是拦在马前痛哭，边万般挽留边诉说：“我们顶香盆，运粮草以迎官兵，金人都知道的。相公一走，我们没有活命了。”岳飞也悲泣，取诏示众说：“我不能擅留。”哭声震野，岳飞留军五日，等待这些民众迁徙，相从南来者如市。岳飞回朝后立刻落入了秦桧等人早已编织好的罗网之中，以谋反罪名被逮捕审讯。在多次审讯毫无进展的情况下，秦桧暗中命人于狱中杀害了岳飞。

落第而归的陆游，在家乡山阴听闻战功赫赫的名将宗泽壮志未酬、含恨而殁，更加坚定了自己恢复山河、建功立业的宏志。他也会用岳飞“沙上习字”的事迹来激励自己继续努力学习，“常忆初年十七时，朝朝乌帽出从师。忽逢寒食停供课，正写矾书作赝碑。”（陆游：《绍兴辛酉予年十七矣距今已六十年追感旧事作》）每日“晨起必具帽带而出”，跟从鲍季和先生受业，深居简出，专心致力于文章的学习。

绍兴十三年（1143），十九岁的陆游又一次来到临安参加科举考试，自述“绍兴癸亥，予年十九，以试南省，来临安”。如今陆游已出落得温文尔雅，一表人才。那一双充满智慧的眼睛流露着才情，那微锁的眉头表露着他由于两次科考无缘功名、失意而归的隐隐伤痛。

陆游此次参加的省试，即由礼部贡院主持进行的考试，又称“南省试”或“春试”。此时的他所承受的不只是科举考试的漫长过程、经济方面的压力等外在的考验，还有读书和科举本身的苦等内在的考验，尤其是对一个人的毅力、能力乃至体力的考验。

当时的考场可不是今天光线明亮的教室，还有一大堆家长在外面关切地等待。前文提到了科举考试的专用试场——贡院，或称贡闱、贡场、闱场，因为考试时，在座席旁或门前、围墙上插设荆棘，以防考生串通舞弊，故又称棘围。关于贡院的具体细节，在介绍南宋都城临安城市风貌的著作《梦粱录》中有所记载：“礼部贡院，在观桥西……贡院置大中门。大门里置弥封誊录所及诸司官，中门内两廊各千余间廊屋，为士子试处。厅之两厢，列进士题名石刻，堂上列省试赐知贡举御札及殿试赐详定官御札，并闻喜宴赐进士御诗石刻。”考场内外，戒备森严。考生入考场前须验明正身，然后由贡院监门官引导，进入试场，对号入座，并搜检是否夹带书籍入场等。

经过多年的勤学苦读，陆游学业大进，已显露出科举仕途的希望。陆游对这次名场角逐，确实是满怀信心的。他在嘉泰三年（1203）79岁时曾有诗《目昏颇废观书以诗记其始时年七十九矣》，回忆当时的情况说：“落笔辄千言，气欲吞名场。”

这时的陆游意气风发，抱着满满的期望，对这次赴试有必胜的信心，大有舍我其谁的豪迈之气。可惜开榜之时，从头看到了尾，也没在榜上找到自己的名字。赶考士子皆盼高中，可惜："人事信难料，百战竟不侯。"陆游等来的却是落第的命运，这使他大受打击。

陆游的此次失败，从客观方面说，倒也在情理之中。究其失利的原因，大概是考试科目内容的改变：由重视诗赋而改为以经术为主。在绍兴十三年（1143），高宗采纳高抑崇司业"士以经术为本"的建议，进士科"头场试经义，次场试诗赋，末场试子史论、时务策各一首"。

早在北宋熙宁以后，科举之争掺和着党争，而随着皇权的更迭、不同政治势力的消长，科举条制遂几经反复。南宋人李心传曾概括地叙述了进士科中诗赋、经义的升降陟黜与兼收分立的全过程：

> 祖宗以来，但用词赋取士，神宗重经术，遂废之。元祐兼用两科，绍圣初又废。建炎二年，王唐公（绹）为礼部侍郎，建言复以词赋取士。自绍兴二年，科场始复。曾侍御（统）请废经义而专用词赋，上意向之，吕元直（颐浩）不可而止。十三年，国学初建，高司业抑崇言："士以经术为本，请头场试经义，次场试诗赋，末场试子史论、时务策各一首。"许之。十五年，诏经义、诗赋分为两科，于是学者竞习词赋，经学浸微。二十六年冬，上谕沈守约曰："恐数年之后，经学遂废。"明年二月，诏举人兼习两科（内大小经义共三道）。三十一年，言者以为老成经术之士，强习辞章，不合音律，请复分科取士，仍诏经义合格人有余，许以诗赋不足之数通取，不得过三分，自今年太学公、补试行之，迄今不改。先是，举人既兼经义、诗赋、策、论，因号四科，然自更制以后，惟绍兴十四年、二十九年两行之

而止，盖举人所习已分为二，不可复合矣。（李心传：《建炎以来朝野杂记》卷十三）

无论是在诗赋策论方面的改革，还是在考察经义方面的改革，最终目的都是引导士子探求“圣人之道”，进而实现“圣人之治”。正如学者邱鸣皋所分析：赵宋一代的科举考试，是以诗赋为主还是以经术为主，是几经变化的，它简直像一根魔棒，把士子们指挥得晕头转向。原来宋承唐制，特重进士科。北宋初以经义诗赋取士，其后多遵行之。至神宗笃意经学，用王安石之说，革除声病对偶之文，使学者专意经术，考试遂罢诗赋，而以经义策论取士。元祐初，变更王安石之法，恢复诗赋，考试乃设经义、诗赋两科。绍圣初，复诏进士考试罢诗赋，专习经义。至徽宗大观间，场屋之文，力黜偶俪，乃至政和，变本加厉，禁官私传习诗赋。到了高宗建炎二年（1128），定以诗赋、经义取士，才打破了自绍圣以来士子不习诗赋的局面。可是到了绍兴十三年，高宗采纳了国子司业高闶的建议，科举取士又以经术为主。在这种重策论，以经义、论、策试进士的背景下，精通文学的陆游，虽文字超然，高古华美，却不符合当权者所制定的新的取士标准，败北是必然的了。

其实，陆游落榜更为重要的原因是，在试卷上，他慷慨激昂，反对议和，力陈抗金复国之要，主张用兵恢复中原，言辞不免有些尖刻、偏激。这些言论无异于引火烧身。当时秦桧独相揽权，其一门党羽用尽手段把持朝政，不但利用科举结党营私，而且还用以排斥异己，自然不会允许这样一位抗金学子充实朝廷为官吏，所以陆游又未被录取。

古往今来，有多少文人志士为实现自己的理想而苦苦追求，然而走通这条路并不容易。多年的寒窗苦读造就了陆游坚韧的品格，此番科场的再次失利，尽管对科场不公、考官舞弊的行为愤愤不平，但对落第的现实也无可奈何，只得尽力排解场屋无功的失意，继续发奋苦读。科场不利，屡试不第，对一个希望能一举能中、实现救世之志的士子来说，其身心的刺激是可想而知的。

在这场大考中折戟铩羽，陆游带着屡试不第所带来的落魄，黯然回乡，一路落寞。一回到家中，他便深居简出，闭门读书，学习时文，以求应试。

绍兴二十三年（1153）秋八月，已近而立之年的陆游凭着自己超人的天分和刻苦的学习，在学问方面和文章上日益精深，再次参加了科考，应浙漕锁厅试。

考试结束后，一封封试卷送达考官案头，其中有一份试卷引起了考官的赞叹。在试卷中，考生引经据典，淋漓尽致地阐发了自己的观点。文章意气纵横，字里行间似乎隐含着深厚的忠贞之情和忧国之思。这便是考生陆游的试卷。考试官陈阜卿看到陆游的文卷，大加赞赏，擢置第一。

不料，陈阜卿却因公正无私，得罪了奸相秦桧。原来早在考试前，权倾朝野的秦桧便将陈阜卿请入相府之中，想要贿赂他，叫他庇护自己的孙子。秦桧的孙子秦埙也在这一年应试，虽然在门荫制度下，秦埙已经官居右文殿修撰，但秦桧对此并不满意仍命其应试，以求峨冠博带，攀龙附凤，更加荣华富贵。

正直不阿的陈阜卿对此十分气愤，严肃地对秦桧说道："我只知道按照考试规章办事，别的事我全不管。"说罢，一甩袍袖，气冲冲地离开了丞相府。陈阜卿在阅卷过程中，发现了陆游这篇不可多得的好文章，比秦埙写的文章好得多，便毫不犹豫地把陆游取为第一名。

发榜的那一天，秦桧听说第一名不是自己的孙子，果然勃然大怒，气得直吹胡子，连饭都没有吃，直嚷着要惩办陈阜卿。有人把这个消息悄悄告诉了陈阜卿，谁知陈阜卿一点儿也不害怕，义正言辞道："我身为朝廷命官，公正取士，不徇私情，这是主考官的责任，又有什么可怕的！"

秦埙列为第二，秦桧深感脸上无光。他本以为自己权倾朝野，若为子孙谋个头名，实在是易如反掌的事，不料陈阜卿不识时务地从中作梗。他不仅对陈阜卿极为不满，而且更迁怒于才学过人、又与爱国志士来往密切的陆游。但他觉得这时发作会惹来满朝官员和应试举子的反对，又怕陈阜卿揭发他营私舞弊，对自己不利，于是暂时忍下了胸中的怒火，把希望寄托在第二年由礼部主持的复试上，打算到殿试时再设法攫取状元。在第二年春天的礼部会试时，秦桧为给平时不学无术、无心向学的孙子秦埙中状元扫清道路，将陆游以"喜论恢复"为由除名。在秦桧和党羽们的一手操作下，秦埙被列为第一，张孝祥第二，秦桧门客曹冠第三。

据《宋史·陆游传》载，陆游"锁厅荐选第一，秦桧孙埙适居其次，桧怒，至罪主司。明年，试礼部，主司复置游前列，桧显黜之，由是为所嫉"。

虽然无端遭秦桧贬黜，但陆游对拔擢他的考官陈阜卿，更是从心里感激不已。宋宁宗庆元五年（1199），陆游复遭遣逐，奉祠居家，见陈公手帖，追思往事，感激知遇之心、提携之恩，忧谗嫉邪之意，并集胸中，形于篇章《陈阜卿先生为两浙转运司考试官，时秦丞相孙以右文殿修撰来就试，直欲首送。阜卿得予文卷，擢置第一。秦氏大怒。予明年既显黜，先生亦几陷危机。偶秦公薨，遂已。予晚岁料理故书，得先生手帖，追念平昔，作长句以识其事，不知衰涕之集也》：“冀北当年浩莫分，斯人一顾每空群。国家科第与风汉，天下英雄惟使君。后进何人知大老？横流无地寄斯文。自怜衰钝辜真赏，犹窃虚名海内闻。”

时间过去了四十五年，陆游已是退居山阴的七十余岁的老翁，当他翻检时，偶然发现一页陈阜卿的手帖，抚今追昔，情不能已！身逢乱世，斯文坠地，只有陈阜卿这样的老年耆德之人，才是真正能够拯危救溺的真儒。陆游对在科考中赏识他的陈老先生，充满一种深深的敬意。斯人已逝，前辈名宿的高风亮节却依然长存。然而回观自己，年纪已经衰老，思维已经迟钝，却还空担着盛名而知名海内，不无自责地叹息自己辜负了陈老先生的赏识。

宋代的科举制，为确保皇帝牢牢掌握取士大权，实现士子真正的公平公正竞争，在防止人为之弊端上制定了一系列严密完备的考试制度。除选任考官制度、封弥制度、誊录制度、锁院制度之外，宋代科举还对考官的考校和录取进行监督，选任考官实行回避制度，对考官的不法行为进行惩治和责罚。

尽管宋代科举管理制度非常严密，但在权相秦桧擅权之时，肆意破坏科举考试制度，徇私舞弊，无所不为，使之成为其擅政专权、为其子孙窃取巍科、拉拢私党充塞仕途的工具。秦桧独相后，曾举办过四次科举，每次几乎都是在他的控制下进行的，而气焰嚣张的秦桧也利用科举培植和网罗了大批党羽，高宗即使有所不满，也只能敢怒而不敢言。

请托、奔竞、通关节之流弊盛行，祖宗科举之法名存实亡，怀才而落第者何止陆游一人！直至秦桧死后，陆游才于绍兴二十八年（1158）被朝廷任命为福州宁德县主簿。

陆游无处施展自己的才华和抱负，不免怀有郁郁失志之感；但冰冷的现实让他的头脑也冷静下来，对于科举的接连失利并没有感到气馁，反而更加认清了投降派祸国殃民的本来面目，主张抗敌的立场也越来越坚定。

陆游在《和陈鲁山十诗以孟夏草木长绕屋树扶疏为韵》一文中这样写道："言语日益工，风节顾弗竞。杞柳为桮棬，此岂真物性。病夫背俗驰，梁甫时一咏。奈何七尺躯，贵贱视赵孟。"是坚持抗金救国、收复失地的爱国理想呢，还是为了个人前途，竭尽心智以邀恩宠而变节迎合呢？每每想到这儿，陆游眼前似乎又浮现出秦桧的那副狰狞嘴脸，"秦丞相用事久，数起罗织狱，士大夫株连被祸者，袂相属也"。爱国将领岳飞的被杀害，耿介之士韩世忠的被贬谪，许多爱国臣僚的被斥逐……激起了陆游的爱国热情，坚定了他不向权势屈服的信念。他不禁以诗言志，以风节自砺，表达对投降派的蔑视。

第二节　位卑未敢忘国忧

绍兴二十五年（1155），独揽朝政的秦桧一命呜呼，时局似乎出现了转机。功过昭彰，忠奸自判。朝野人士纷纷上书揭露秦桧的罪行，所想要的只是小朝廷偏安的高宗迫于舆论压力，不得不暂时斥退投降派，先后起用了过去遭受秦桧迫害打击的主战官员，如张浚、李光等人。

秦桧独相的黑暗时代已经过去，这对陆游来说，也算是在阴霾中见到了阳光。直至绍兴二十八年（1158），陆游被任命为福州宁德县主簿。朱熹在《建宁府建阳县主簿厅记》中对县主簿的职责解释得十分清楚："县之有主簿，掌县之簿书，凡户租之版、出纳之会、符檄之委、狱讼之成，皆总而治之，勾检其事之稽违与其财之亡失，以赞令治。"陆游的这个官职是从九品的文职，相当于现在县里掌管文秘事务工作的负责人。虽然官职低微，俸禄不高，陆游依然尽心尽职地完成自己的工作。乾隆本《福宁府志》卷十七《秩官志 · 宁德循吏》记载其在宁德的政绩为"有善政，百姓戴之”。

宁德在当时为边远的蛮荒之地，陆游在此困于主簿吏职的烦琐事务，虽名在宦籍不过借以满足一种功名情结而已，这与他怀抱北上抗金建功立业的壮志，实相去甚远。对此，他是很有一番感慨的：“西风挟雨声翻浪，恰洗尽，黄茅瘴。老惯人间齐得丧。千岩高卧，五湖归棹，替却凌烟像。故人小驻平戎帐，白羽腰间气何壮！我老渔樵君将相，小槽红酒，晚香丹荔，记取蛮江上。”（陆游：《青玉案 · 西风挟雨声翻浪》）

绍兴二十九年（1159），陆游调任福州决曹。他勤政务实，各种案件都能迅速而又公正地加以处理，往往是一天断案十多起，一直忙到深夜仍然不知疲倦。他很关心福州的吏治民风，先后在福州写了几篇有关刷新吏治的文章，如《答刑司户书》与《答刘主簿书》等。这些文章饱含他政治远见的明达之论。他提出“言之而必践”“积小以成大”的见解。他希望福州“狭陋之病，不遂沉痼”，认为应及时矫时弊而振颓风。

陆游在福州一年，又奉调入京。由福州北归，陆游的心情是轻松愉悦的，自言“福州正月把离杯，已见酴醾压架开。吴地春寒花渐晚，北归一路摘香来”（陆游：《东阳观酴醾》）。他一路与春天同步，自南而北，次第前行，目之所见，尽是花的海洋，自然传达出一路上的愉悦心情。

陆游此次调职临安，担任的官职是敕令所删定官，主要工作是编纂公布的法令，虽是个小官，仅八品，但究竟是个京官，且有机会接近权臣、进言天子，这是陆游“忝朝迹”的重要一步。“青衫初入九重城”，初为朝官的陆游毫不掩饰自己主战的立场，一有机会就会宣传抗金主张，并提出了许多收复失地的策略。

短短几年内，陆游频繁调任，宦迹无定。在绍兴三十一年（1161）七月，迁大理司直，兼宗正簿，任务是为皇家纂修“玉牒”，以编年体“叙帝系而记其历数”。这年九月，金主完颜亮戎服乘马，亲率号称百万人的大军渡淮，大举南侵，其声势浩大，毡帐相望，钲鼓之声不绝。陆游眼见形势如此严峻，极力主张抗敌，并请缨北伐，愿效前驱。然而，“泪溅龙床请北征”，并未打动主张和议的高宗，一个“腰领免斧锧”，便草草地把满怀激情为朝廷效命的陆游打发了。

绍兴三十二年（1162），孝宗赵昚即位。在南渡九位君主中，他算是最想有所作为的君主，也是唯一志在恢复中原的君主。不同于最怕言兵、只求保持半壁江山的高宗，孝宗在即位之初便将主战派将领张浚召为江淮宣抚使，共同筹划恢复中原的大计；又起用副相汪沏视师湖北、京西，四川宣抚使吴磷兼陕西、河东路宣抚、招讨使；还下诏为蒙冤的岳飞等人平反昭雪。举朝上下，颓废的气象一扫而光，弥漫着抗战的气氛，焕发出蓬勃的生机。

北伐需要人才，这对于心怀振兴宋室、安定天下大志的陆游来说，是一个难得的机会。陆游被史浩、黄祖舜力荐，称“游善词章，谙典故”，得孝宗召见。孝宗喜其“力学有闻，言论剀切”，特赐进士出身，破例以文章进用，擢兼编类圣政所检讨官，编修《高宗圣政》及《实录》。

“赐进士出身”并不是真正意义的进士出身，马端临对此的描述是：“凡士不繇科举若三舍，而赐进士第或出身者，其所从得不一路：遗逸、文学、吏能、言事，或奏对称旨，或试法而经律入优，或材武，或童幼而能文，或边臣之子以功来奏，其得之虽有当否，总其大较，要有可考……

又上书献颂得之者多至百数，不胜纪矣。靖康新政，惩奸臣蔽塞，凡行义有闻、议论忠谠，悉加赐以示好恶。”（马端临：《文献通考·选举考》）可见，陆游的“赐进士出身”，是不经正规的科举考试和三舍试，而由皇帝特别授予进士科第，带有一种皇帝特别恩赐的荣耀。

对陆游来说，孝宗此举是凭借其至高无上的皇权能尽揽天下人才也罢，是对遗珠蒙尘的自己做出的补偿也好，自己作为特赐第者受皇上知遇之恩，铭感五内。

孝宗意图北伐，陆游即更加抓紧时机，提出了有关军政方面的许多建议，积极为筹备北伐进言献策，成为主张备战、支持北伐的中坚力量。

绍兴三十二年（1162），朝廷下令设置御前万弩营，招募淮民，由张浚亲自训导，不久就练成劲军。隆兴元年（1163）正月，张浚升任枢密使都督江淮东西路军马。陆游欣然呈上《贺张都督启》，表示敬意与期望：“……属边烽之尚警，烦幕府之亲临……仰惟列圣之恩，实被中原之俗。耕田凿井，举皆涵养之余；寸地尺天，莫匪照临之旧。岂无必取之长算，要在熟讲而缓行。顾非明公，谁任斯事。不惟众人引颈以归责，固亦当主虚心而仰成。”陆游积极支持张浚北伐，对抗金事业充满了期许，提出了“熟讲而缓行”的策略，要做好充分的准备，不要打无准备之仗。对于北伐进军的计划，陆游主张用兵要稳扎稳打，反对孤军轻率冒进，纠正了张浚重兵深入京东的冒险想法。

陆游在一片反攻呼声中发出了冷静的提醒，可惜的是作为总指挥的张浚刚愎自用，对不同的声音一概充耳不闻，一意用兵，失于调度处治，导致符离之战“大军十三万，一夕奔溃”的大溃败。宋孝宗即位以来，朝野上下备受瞩目的北伐最终以失败而告终，这对于满怀抗金热情的孝宗来说，无疑是当头一棒，其主张抗金的态度也发生了动摇，转向议和，从此再也不提“北伐”二字；朝廷中暂时沉寂下去的对金妥协求和的论调又重新抬头，主和派纷纷上书指责这次出兵，更有幸灾乐祸者跑出来制造流言蜚语，扰乱人心。在隆兴府通判任上的陆游，也被主和派以“交结台谏，鼓唱是非，力说张浚用兵”的罪名弹劾免职。

这是陆游自绍兴二十八年（1158）出仕以来，初次被罢归。乾道三年（1167）二月初，他饮恨而归，从南昌出发取道陆路，经临川、玉山等地回到家乡山阴。

在离开隆兴时，陆游题词《恋绣衾》来表示心中的失望之情：“雨断西山晚照明，悄无人、幽梦自惊。说道去、多时也，到如今、真个是行。远山已是无心画，小楼空、斜掩绣屏。你嚎早、收心呵，趁刘郎、双鬓未星。”词中陆游自比女子，用无心画远山眉，曲尽其妙，表现自己与张浚积极策划北伐反被免官归乡的失意心情。

无故被罢免，回到家乡后的陆游心绪一直不宁，一方面歌唱着避世隐居，另一方面又没有完全忘怀现实。他虽然身居村野卑室，却“余生知有几，且置万端忧”，热心国事，不改收复失地的爱国情怀，但又必须面对现实，处在北方领土沦于异族入侵者铁蹄之下，朝中投降派、主和派一时气焰嚣张，半壁江山也难保全的形势，令他心绪难平，“忧时肝胆尚轮囷”，唯有安慰自己“得福常廉祸自轻，坦然无愧亦无惊。平生秘诀今相付，只向君心可处行”。

“一从南昌免，五岁嗟不调。”陆游的家境并不富裕，是一个典型的尚德崇文、以耕读传家的士族家庭。赋闲期间，他多次向朝廷申请授官，希望能以禄代耕。乾道五年（1169），他终于得到一个夔州通判的职务。然而，这样一个“实类闲官”的职务，是不能实现他杀敌报国的雄心壮志的。

> 浮生无根株，志士惜浪死。鸡鸣何预人，推枕中夕起。游也本无奇，腰折百僚底。流离鬓成丝，悲吒泪如洗。残年走巴峡，辛苦为斗米。远冲三伏热，前指九月水。回首长安城，未忍便万里。袖诗叩东府，再拜求望履。平生实易足，名幸污黄纸。但忧死无闻，功不挂青史。颇闻匈奴乱，天意殄蛇豕。何时嫖姚师，大刷渭桥耻？士各奋所长，儒生未宜鄙。覆毡草军书，不畏寒堕指。（陆游：《投梁参政》）

夔州虽没有官场上的倾轧排挤，也没有闹市的纷争喧闹，但这个职位并不是陆游所希望的，因为这无法实现他杀敌救国的愿望。为着生活艰难，他不得不远行入川，这种矛盾的心情，伴随着他西上赴任。于是，这一次的出仕，他便多了几分矛盾，几分犹豫，几分彷徨。

陆游在夔州做官期间，一直郁郁寡欢，又疾病缠身，自言：“减尽腰围白尽头，经年作客向夔州。流离去国归无日，瘴疠侵人病过秋。”（陆游：《九月三十日登城门东望凄然有感》）好不容易挨到任期将满，又碍于家累，“俸薄”难以满足家用，一家人生活很困难，很窘迫。无奈之下，陆游只得上书丞相虞允文，向朝廷乞禄，请求再谋一职：

> 某行年四十有八，家世山阴。以贫悴逐禄于夔。其行也，故时交友醵缗钱以遣之。峡中俸薄，某食指以百数，距受代不数月，行李萧然，固不能归。归又无所得食，一日禄不继，则无策矣。儿年三十，女

二十，婚嫁尚未敢言也。某而不为穷，则是天下无穷人。伏惟少赐动心，捐一官以禄之，使粗可活，甚则使可具装以归，又望外则使可毕一二婚嫁。不赖其才，不借其功，直以其穷可哀而已。（陆游：《上虞丞相书》）

正当陆游一筹莫展的时候，天大的好消息传来。原来，负责川陕一带军事的将领王炎听到陆游的名声，请他到汉中做幕僚。四十八岁时，陆游终于得到了一生中唯一一次亲临前线的机会。南郑北瞰关中，南屏巴蜀，西控秦陇，东达襄邓，是进可以图胜、退可以固守的兵家必争之地，也是当时西北前线的军事重镇。

乾道八年（1172）正月，陆游应四川宣抚使王炎之邀襄理军务。满怀着拳拳爱国心与殷殷报国情，他来到了抗金前线的南郑军中，体验了自己渴盼已久的军旅生活。

虽然为时不足八个月，但此段“铁马秋风”的军中生活，是陆游仕宦期间最顺遂的时候，也是他一生中最惬意的日子，也在日后常常化作诗人魂牵梦萦的回忆，每当忆起南郑那段戎马生涯的经历，依然充满豪气，洋溢着激情。

此时的陆游，意气风发，身穿戎衣，戍守在宋金边境的关防重镇——大散关。大散关一带，山高林密，时有猛虎出没伤人，陆游曾在深山密林中手刺猛虎，为民除害。

雪中痛饮百榼空，蹴踏山林伐狐兔。耽耽北山虎，食人不知数。孤儿寡妇仇不报，日落风生行旅惧。我闻投袂起，大呼闻百步。奋戈直前虎人立，吼裂苍崖血如注。

因梦行南郑道中的陆游，作《十月二十六日夜梦行南郑道中，既觉恍然揽笔作此诗，时且五鼓矣》，回忆起在四川宣抚使幕时跋涉和猎虎的情形。陆游所在的南郑前线，更是不忘战备，而多有狩猎之事。王炎军中常有狩猎活动，表面是射鹰打虎，实质上却是鼓舞军心，为抗金复国的未来战争做准备，凶猛的老虎尚可以猎杀，更何况是残虏士兵呢?

“小猎南山雪未消，秀旗斜卷玉骢骄。”陆游骑着高大矫健的骏马，雪中出猎，提剑刺虎，不难想见，那时的陆游是何等的雄姿英发。

在激情奔涌的军营当中，斗志昂扬的陆游完全沉浸在收复失地的热望中。“秋到边城角声哀，烽火照高台。悲歌击筑，凭高酹酒，此兴悠哉!多情谁似南山月，特地暮云开。灞桥烟柳，曲江池馆，应待人来。”这首题为《秋波媚·七月十六日晚登高兴亭望长安南山》的登临之作，是陆游与宣抚司幕友们登高兴亭喝酒，远望长安，豪情勃发，填写此词。当时，适逢金军内部矛盾重重，宋军正在计划收复长安，军机顺利，民心振奋，沦陷区人民也在日夜盼望宋王朝的军队，前方形势大好。陆游所在的南郑，秋色正浓，哀怨的号角声响彻云霄，烽火的光芒映照在高台之上，呈现出一种秋色正酣、战事急迫的紧张气氛。

面对此景，陆游想到了荆轲去刺杀秦王临行前“悲歌击筑”的典故，说自己在这种氛围之中登上高台，以酒相祭，为收复长安城的将士们践行，期盼他们能够凯旋。此时的陆游心中兴味无穷，仿佛自己能够远望到长安城所见之景，灞桥两岸，烟柳迷蒙，长安城南的曲江边上，亭台楼馆纷纷敞开大门，正翘首期待着南宋军队凯旋。字里行间，洋溢着陆游对收复失地的志在必得的信心。

南郑的一段如火如荼的从军经历，记载着他铁马金戈的光荣，也承载着他北伐收复失地的梦想，成为陆游人生最得意的时期。在这段时间，陆游写了不少诗歌，以记录这段终生难忘的从军经历。山川的艰险，气候的恶劣，道路的崎岖，磨炼着陆游的爱国意志。陆游和将士们一起，同甘共苦。他们风餐露宿，“昔者戍梁益，寝饭鞍马间”；他们枕戈待旦，“昔者戍南郑，秦山郁苍苍。铁衣卧枕戈，睡觉身满霜。官虽备幕府，气实先颜行”。对此，陆游无怨无悔，反而说“投笔书生古来有，从军乐事世间无”。

虽然这段军旅生活令陆游毕生难忘，但他在南郑也并没有真正实现他抗金复国的理想，他的生活不过是习武打猎而已，并未直接投身于抗金的战斗。可即使是这样，“铁衣卧枕戈，睡觉身满霜”的战地生活也并不长，还不到一年。

乾道八年（1172）十月间，陆游正在川北阆中一带巡视，忽闻四川宣抚使王炎被召回临安，旋即又接到宣抚司催其速回南郑的命令。这一突如其来的变化，使他十分震惊。“大散关上方横戈，岂料世变如翻波”，眼看历经数月的北伐准备即将付之东流，恢复中原的理想又要化为泡影，陆游感到无限的忧愁和悲怆：“画策虽工不见用，悲吒那复从军乐”“遗虏孱孱宁远略，孤臣耿耿独私忧。良时恐作他年恨，大散关头又一秋”（《归次汉中境上》）。当他急如星火地赶回南郑幕府时，王炎早已启程回京，幕僚皆散去。陆游也随之改为成都府路安抚司参议官，他只能一边悲慨“许国虽坚，朝天无路”，一边收拾行装，南下成都。

对于一个爱国志士来说，要他撤离抗金前线，去后方做清闲官，这一打击该有多么沉重！昨日驰骋沙场，今天独居山驿，其情其景，可想而知。临走之时，陆游的心中五味杂陈，本打算为了击退敌人的入侵，战死沙场也在所不惜，虽抱有“裹尸马革固其常”的信念，却始终没有为国立功的机会：“常恐埋山丘，不得委锋镝。”因此，他在被调离前线时，感到非常失望。在从南郑回四川途中，经过剑门关，醉后疏狂的他特意写了一首小诗《剑门道中遇微雨》自我解嘲，曲折地表达了英雄无用武之地的落寞失意：“衣上征尘杂酒痕，远游无处不消魂。此身合是诗人未？细雨骑驴入剑门。”

毛驴与马比起来虽然又瘦又丑，但在古人看来，骑驴比骑任何坐骑更潇洒闲适。驴子，步稳行缓，极适填赋，故诗人多有骑驴赋诗之作。李白骑驴游华阳，杜甫骑驴三十载。孟郊苦吟、贾岛推敲、郑綮的诗思在灞桥风雪中驴子背上、李贺常带小奚奴骑驴觅句，皆是从前诗人骑驴故事。

风尘仆仆的陆游此刻骑在驴子背上，一时想起了唐人骑驴吟诗的美谈。遥想此刻的他，失意之余，是否也有以山水自娱寄兴的闲情逸致呢？

面对着唐代大诗人李白曾歌咏过的峥嵘而崔嵬的剑门关，放眼望去，高崖峭壁，奇峰峻岭，处处是壮美的风光，令人不禁心荡神驰。陆游虽然表现出一种隐逸出世、闲淡悠远的情趣，骑着驴慢慢行走酝酿诗思，然而，眼前的风光愈美，便愈是触动他心底的隐悲。

蜀中有雄奇的山水，成都又是南宋时除首都临安之外最繁华的都市，况且陆游去成都是调任成都府路安抚司参议官，而担任四川制置使兼知成都府的又是当时著名诗人，也是陆游好友的范成大。可以说，陆游此行是由前线到后方，由战地到都市，应是去危就安、辞劳就逸。此时的他本应携带着琴剑，要到风景如画的锦官城去过一种闲散的生活，然而，陆游却不甘于仅是“余事作诗人”的身份。但南宋的政治现实却是“缚将奇士作诗人”，这真是无奈和可笑之至！这种情绪酝酿在诗中“消魂”两字里，是喜悦？是惆怅？是愤懑？其中蕴含的复杂感情，也只有当事者最能体味。

这以后陆游相继在四川的蜀州、嘉州、荣州等地任地方官，被频繁调动，甚至几个月便调动一次，疲于奔命，虽然很不得意，但是他仍时时注意军事训练，准备一有机会就投入北伐，恨不能身披铁甲，手持兵器，骑着战马驰骋沙场、英勇杀敌。但统治者苟且偷安，面临外寇侵凌却不抵抗，陆游壮志难酬，“报国欲死无战场”，再无机会参与抗金斗争。

“功名已付诸贤了，长作闲人乐太平。”作为外放许久的官员，陆游本以为会在蜀地平静地终老一生，谁料想淳熙五年（1178），宋孝宗竟诏之东还。原来，陆游在蜀地创作了大量的诗歌，“寄意恢复，书肆流传”，孝宗读后也为他“壮心未与年俱老”的爱国热情所感动，因此召他东归。

此后十多年，陆游在福建、江西、浙江等地担任监司和州官，由于他一再坚持抗金主张，为权贵所不容，始终没有得到重用。

报国无门，效民有路。虽是“枕上屡挥忧国泪”，上马杀敌的愿望无从实现，但陆游身为地方官员，怀着不可抑制的忧国忧民的仁人之心，希望为官一任，造福一方。

在江西任上，陆游当了一名主管钱粮仓库和茶、盐专卖的官。他勤勉从政，为民办事，不仅公正地处理着茶户、盐户之间的纠纷与诉讼，同时还上书朝廷，请求朝廷严惩欺压茶户、盐户的不法官吏，得到了乡民的衷心爱戴。此时，茶盐专卖制度的弊端已完全暴露出来。由于南宋朝政的腐败，各级官吏为了大量搜刮民脂民膏，向茶户、盐户收纳高额的茶税、盐税，其收税之高，可致茶户、盐户破产的程度。由于官吏对茶户、盐户的盘剥太重，民众反抗事件层出不穷，社会治安比较混乱，因此陆游上奏孝宗，要求严惩不法官吏，“自昔善为政者，莫不严于驭吏，厚于爱民”，以期为民除害，但孝宗没有采纳此建议。

冥冥上苍也没有眷顾这位公勤廉洁、为民造福的父母官，陆游所治的抚州可以说是灾难重重。淳熙七年（1180）初夏，天空晴朗，万里无云，不时刮来的燥风把农民的心吹得急躁。稻田地已经龟裂，连片的禾苗日渐枯黄。山坡上茶树的叶上挂着一层尘埃，有的叶子已经无精打采地卷缩着边儿。

陆游看在眼里，急在心上，因为在当时的条件下，庄稼的丰歉，全看老天爷的脸色。特别是每年的春夏之际，正是农作物播种下地和茁壮生长的季节，如遇干旱，轻则会大面积减产，严重的甚至会颗粒无收，人们只有忍饥挨饿受冻。每遇到干旱时节，人们便举行祈雨仪式，求水神降雨。陆游曾和当地群众一起求雨，虔诚地礼拜于尊神座下祈求风调雨顺，终于在五月迎来了甘霖。

无奈天公不作美，或小雨，或中雨，或大雨，竟一连十几天不停歇地下起雨来。天空如同只长了一个单调的面孔一样，只是灰暗、阴沉。洪水泛滥，淹没了农田，整个村庄都变成了一片汪洋。大旱之后又遭遇洪灾，百姓们一时饥困潦倒、苦不堪言。毫无抗洪经验的陆游并没有慌乱，看到灾情十分严重，立即给朝廷写了一份奏章，请求火速拨粮赈灾，同时他还写了一份紧急文告送往相邻的州县，吁请他们前来救助。时间一天天过去，眼看着灾民就要断炊，生命危在旦夕，可发出的奏章和文告却如石沉大海，杳无音信。

看到灾民们忍饥挨饿的情形，陆游心急如焚，考虑再三，他决定以百姓的生命为重，亲自督率吏卒打开粮仓，吩咐衙役用小船装载粮食，日夜兼程送到灾民手里。由于陆游救灾及时，无数挣扎在死亡线上的灾民得救了。但他所做的却触及了权贵利益，朝廷权奸诬陷他私开粮仓是目无朝廷。在给事中赵汝愚的弹劾下，他再次被罢职还乡。

淳熙十三年（1186）七月，在山阴老家闲居了六年的陆游，幸得孝宗“亲降玉音，俯怜雪鬓”，被起用为严州知府。在陛辞时，陆游仍然谈如何北伐收复失地，孝宗对此却避而不谈，反而对六十二岁的老臣、一生大声疾呼抗金的志士说了这么一句意味深长的话：“严陵，山水胜处，职事之暇，可以赋咏自适。”

从孝宗对陆游的寄语来看，孝宗的安排虽考虑到陆游的山水癖好，却并不了解他的真正抱负，颇有些在睦州做过推官的柳三变“奉旨填词”的味道。然而，陆游并没有一味地流连于山明水秀之中，做一个吟风弄月的闲适诗人。到职以后，陆游“忧民怀懔懔，谋己耻营营”地认真履行掌管劝课农桑、旌别孝悌、赋役钱谷、狱讼、赈恤诸事的职责。严州是一个比较贫困的地区，陆游请求朝廷减免了百姓的租税，同时召集乡村父老，向他们宣传重视农业生产的重要意义，并要求他们告诉子孙，要抓紧季节进行深耕细作，取得好收成，以备歉岁时粮食不足。

到任第二年，陆游写下了《丁未严州劝农文》，号召农家发展生产，改善生活。这篇劝农文总共只有短短的153个字，可是字字都闪烁着

陆游像

一位清廉善政的州官的爱民之心。他“延见高年，劳问劝课，致诚意以感众心”，也得到了农民的敬重，他们常常一起“拂藜床以延坐，持黍酒而请酌”。

陆游在六十五岁罢官后，虽闲赋在故乡山阴，却“逢春心自在，莫道已成灰”。每每想到生平几度任用，几度贬谪，君心难测，壮志难酬，他就为自己的爱国志愿不能实现而郁愤深积，时而感叹“丈夫无成复老大，箭羽凋零剑锋涩”，时而又有“国仇未报壮士老，匣中宝剑夜有声”的振奋和激愤。万千感慨，总离不开戎马生涯。然而“自笑灭胡心尚在，凭高慷慨欲忘身”的理想也就只能摭拾梦片，化身“重铠奋雕戈”纵横驰骋于沙场。

纵观陆游的一生，壮年入蜀、走马汉中、成都幕府、奉诏东还、出知严州，屡遭打击罢黜，但他从戎报国的激情似乎从未减退，“百年身易老，万里志空存”，始终忧国忧民，爱国主义精神贯穿一生。面对山河破碎、国土分裂的现实，他将自己在现实中的报国之心与无法实现报国理想的压抑和无奈寄予梦中。“梦是一个大剧场，布景、演员、提词者，舞台监督、剧本作者、观众、评论家，全都是做梦者自己。”靠着“铁马冰河入梦来”，自己的心灵获得一丝慰藉。唯有在梦中，他才能暂时实现驱逐敌寇，收复失地，实现统一国家的夙愿。

第三节　长成勉作功名计

人们喜欢用“宦海”两个字形容官场，正如晚清小说《宦海》的楔子所云：“宦海波涛，官场鬼蜮，出门荆棘，跬步崎岖。”官场最能成就人，也最能毁灭人。对于官场中的酸甜苦辣，身处其中的每一位都会有自己的感触。

一生为官的陆游，半生游宦，半生奉祠，颇多坎坷，但是他还是希望儿子们“长成勉作功名计，勿学衰翁老一经”，教育儿子勤奋学习，以便日后考取功名。陆游的这一教育观念与宋代尚文重教的文教政策密切相关。

宋代的开创者赵匡胤在吸取了唐末五代藩镇割据的教训后，为了巩固自身的军事大权，从一开始就实行“崇文抑武”的政策，大兴科举考试，明确表示“作相须读书人”。两宋在三百余年的历史中，帝王们基本上遵守着尚文重教、礼遇文人的国策传统。因此，在这种文化氛围中，读书应举成为一种社会风尚。

在当时崇尚文治、重视科举的背景下，“朝为田舍郎，暮登天子堂”的荣耀虽然像幻影一样，一般人可望而不可即，但它还是像磁石一样吸引着求取功名地位和荣华富贵、试图改变命运的人们。科举成为最吸引人的事业，读书成了最有意义和价值的活动，科举及第与否成为人生极喜极悲的重要因素。在中国古代社会，靠读书科举出人头地是所有人向往的正途。

“读书治学本身就是一门守业传家、‘易习’而尊贵的技艺，它是行道利世、修身利行、开心明目和个体品格完善的源泉，更是做官食禄的资本和途径。”可以说，读书和功名关系紧密，中举人，得进士，入翰林院，荣登仕途，世家尤重以“簪缨继世，科第传家”来激励子孙刻苦攻读，冀以取重当途，光大门闾，提高家族地位和声望。

陆游自述吴郡陆氏一族“在唐为辅相者六人，廉直忠孝，世载令闻”，其所属的宣公支分山阴支分太傅支“百余年间，文儒继出，有公有卿，子孙宦学相承，复为宋世家，亦可谓盛矣”（《陆游家训》）。自陆游高祖陆轸以进士起家以来，家中为官有声望者众多，其中对陆游的为官之道产生重大影响的主要有高祖陆轸、祖父陆佃和父亲陆宰。

陆游高祖陆轸为大中祥符五年（1012）进士，是宋仁宗身边的文臣，官至吏部尚书。祖父陆佃，官居尚书左丞，著述颇丰。父亲陆宰，官拜吏部尚书。从北宋开国至南宋高宗朝的一百多年间，陆家数代一直在朝为官，且声誉较好。

科举对陆氏家族的崛起和长盛不衰，提供并创造了最为合法、便捷而且切实可行的途径。然而，陆游并不醉心于“科举及第”，把“十年寒窗苦，龙虎榜上名”视为索取人生价值的唯一途径。他只是希望他在诗书传家的同时能够走科举之路，这样不但使他有了安身立命的基础，同时也使他以后的读书求学之路迈向一个更广的空间。

陆游既鼓励子孙积极入世，匡国济世，又希望子孙出世遁形，归隐田园，过着农桑平民生活，他的教育取向徘徊在求仕与归隐的矛盾之中。欧明俊先生也说：“陆游一生积极建功立业，但一直有浓厚的隐逸情结。一旦仕途受挫，隐逸思想便凸显出来。”

所谓身在江湖心存魏阙，同时又身在魏阙心在江湖，矛盾重重。“仕”与“隐”的选择，在陆游的生命中纠结绞缠。宋代所具有的儒释道三家思想杂糅的时代风气正是其仕隐矛盾产生的沃土，而陆游复杂的家庭因素是其独特的仕隐矛盾得以产生的根源。其祖上有男性修道、女性学佛的传统。

陆游诗中直言其家族的学道传统，正如其《道室试笔六首》其四所云：“吾家学道今四世，世佩施真三住铭。”陆游称其“先太傅”高祖陆轸，得到唐代道人施肩吾亲传炼丹辟谷之术，并亲授内丹秘诀《三住铭》一书，陆氏家族将其视为珍宝，代代相传。陆轸晚年虔诚地信奉道教，潜心修道，自号朝隐子，专意炉鼎炼丹，并将内丹修炼的心得著成道书《修心鉴》。

《耆旧续闻》载：“陆太傅轸，会稽人，神采秀异，好为方外游。七岁犹不能语。一日，乳媪携往后园，俄而吟诗曰：‘昔时家住海三山，日月宫中屡往还。无事引他天女笑，谪来为吏在人间。’”这个有神奇色彩的故事不可信，但陆轸好外游是肯定的。正因为他好外游，他的同僚们在他老归稽山时赠诗“多及神仙之事”。

陆轸以下，陆珪、陆佃、陆宰皆学道求仙。正因为有这样的家世背景，陆游一生与道教的关系颇为密切。他对道教不仅在心理上是认同的，而且在实际行为上也践行着道教的养生与修行之法，正如其诗所云“平生学金丹”“少时喜方药，晚亦学黄老”。陆游少年时期对于道术的修习已不可考，据《道室书事诗》，其从二十余岁时开始学道。此后，道教信仰成为他报国无门时的精神慰藉。

乾道六年（1170），陆游入蜀任夔州通判。因为自身受官职拘束，不能实现到前线杀敌的夙愿，烦闷之中，开始研读道书，访遍巴蜀道迹，结交蜀地道士，甚至开始了炼丹修真的尝试，自叙“忆在青城炼大丹，丹成垂欲上仙班。飘零未忍尘中老，犹待时平隐华山”（《道院偶述》）。

祖父陆佃的《陶山集》中《仁寿县太君吴氏墓志铭》记载了陆轸妻吴氏学佛之事；《陶山集》中《边氏夫人行状》一篇记载了陆轸之子陆珪之妻边氏信佛之事。陆家男修道、女学佛并非泾渭分明，陆游的兄长陆沅就以学佛为主，陆游称其“诵佛书，以夜继日，多至万卷”。

陆游亦喜佛教，藏有《楞伽经》《五灯会元》《释氏通经》《维摩经》《普灯录》《佛照禅师语录》《天童无用禅师语录》等佛教典籍。他同佛教或者禅宗的关系，可以从其诗文中窥见一斑。据学者梁世和统计，在陆游的主要作品《剑南诗稿》《渭南文集》《老学庵笔记》中，“佛”字出现192次，“僧”字出现665次，“寺”字出现537次，“禅”（仅指作为禅宗、禅定含义的“禅”，排除封禅之“禅”）字出现163次。由这些佛教词汇出现频率之高，可见陆游与佛教的渊源之深。

“满镜新霜老可惊，十年烟陇废春耕。黄丝黑黍有归梦，白发苍颜无宦情。浮世不堪供把玩，安心随处是修行。尚嫌未到无为地，酷爱朝钟暮磬声。”（《道院遣兴》）人生的坎坷和世道的艰难，使陆游不得不借助佛道自我解脱的精神追求，他“既有儒家的积极用世、博施济众之心，又有道家的安贫乐道、虚无恬淡之趣，更有佛禅的看破红尘、超越世俗之意”。

对于陆游来说，佛道只是他在无道社会中保身全德的无奈之举，是其兼济天下之志不得推行后的暂时修整，是韬光养晦、择机而起的心灵规避处所，一俟入仕的时机成熟，条件具备，他就会以饱满的热情重新投入治国平天下的宏图伟业中来。

陆游自己说：“君子之学，盖将尧、舜其君民，若乃放逐憔悴，娱悲舒忧，为《风》为《骚》，亦文之不幸也。……余请广其志曰：‘穷且益坚，老当益壮，丈夫盖棺事始定。君子之学，尧、舜其君民。’余之所望于朋友也，娱悲舒忧，为《风》为《骚》而已，岂余之所望于朋友哉！”（《跋吴梦予诗编》）欧明俊先生评价陆游说：“陆游思想的核心是儒家的积极进取，建功立业，立德立言，追求精神不朽。他有强烈的‘功名’意识，人生哲学重‘事功’，努力干出一番事业。”

因此，心怀“士志于道”情怀的陆游从来不希望儿孙成为“两耳不闻窗外事，一心只读圣贤书”的碌碌无为的儒生，而是鼓励他们“愿闻下诏遣材官，耻作腐儒常碌碌”，借以科举考试入朝为官，成为“策名委质本为国，岂但空取黄金印”的忠廉之臣。陆游怀着经世夙志，以天下苍生为念，他常常训诫儿子高官厚禄不足羡，而应以解民之倒悬为己任。他鼓励儿子们“去家千余里，辛苦就微禄”。在陆游看来，俸禄多少，官位高低，都没有什么了不起的，最有意义的是有机会通过自己的努力，帮助百姓干点事，使老百姓生活得好一些。他曾对儿子说：“吾儿虽戆素业存，颇能伴翁饱菜根。万钟一品不足论，时来出手苏元元。”（《五更读书示子》）万钟的俸禄和一品的官秩，并不值得炫耀，人生真正的价值在于让老百姓安居乐业。

第四章

世守农桑

进则出仕，求取功名，平治天下；退则为农，独善其身。尽管自唐朝以来累世为官，陆氏一族依然极为重视世守农桑的传统，称之为家风。陆游在诗文中屡次述及：“我家释耒起，远自东封前。诗书守素业，蝉联二百年。长老日零落，念之心惕然。每恐后生辈，或为利欲迁。”（陆游：《岁暮感怀以余年谅无几休日怆已迫为韵》）

自绍兴二十八年（1158）初入仕途，陆游一生共经历了四次罢黜。在经历了惨淡的宦游生活后，沐吴郡陆氏耕读家风的陆游，努力忘却心中的种种不快，在无奈和无聊的贬谪生活中，挖掘生活的乐趣，以保持清心寡欲、恬静安闲的心境。他常常出现在田间地头，跟农民一起劳动，一起欣赏田园风光，一起享受劳动的欣喜，一起满怀丰收的希望。

陆游以身作则，做引路人，也时时教育子孙勤于稼穑，注重农事。力保耕读家风，不仅可以使陆家在门第鼎盛之时，持盈保泰，防患于未然，给鼎盛的家势多一道保险，确保子孙退有余地，更能使其保持普通耕读之家生活的那种平淡、安适。

第一节　春耕秋钓旧家风

“春耕秋钓旧家风，门巷荒寒屋壁空。四海交情残梦里，一生心事断编中。买鱼日待携篮女，裹药时从挟篚翁。便废闲吟亦未可，吾徒岂独坐诗穷。”陆游在《家风》诗中，将“以农为生”视为山阴陆氏一族父传子、子传孙，子子孙孙世代相濡染、相延续的优良家风。

陆游曾说先世本鲁墟农家，其七世祖陆忻，因耻仕吴越国而入赘山阴鲁墟李家，其后一直在这里隐居，以桑麻为业，韬晦养气，耕读传家，过着淳朴的隐居生活。

虽然自其父亲陆宰起，已举家迁居于会稽县东城内斜川桥之中山坊，但陆游仍多次到鲁墟寻访祖上旧业，并用诗作描绘了当时所见的景象：“鲁墟无复坏垣存，偶榜舟来入乱云。杜曲桑麻犹郁郁，桃源鸡犬亦欣欣。青围旧墅千峰立，绿引官河一脉分。我卜数椽差不远，得归何以报吾君？”从这首《鲁墟》诗中，我们仿佛看到这样一幅宁静安详的田园画作：溪流回绕，陂塘错落。盘柯秀野，所在成村。村中桑麻沃若，鸡犬晏然。村夫野老，散坐瓜棚豆架下，笑谈陈年遗事，几若世外桃源。

据《嘉泰会稽志》记载，宋时的鲁墟属山阴县，是河湖棋布、阡陌纵横的良田沃野和水乡田园，“在县西北一十三里，南为漕河，北抵水乡，如三山、吉泽、南庄之属，又北复为漕河，漕河之北，复为水乡，渺然抵海，谓之九水乡，盖大泽也。曾文清诗云：‘淡夸水乡胜，谓不减吴松。’即此是也”。

“家风自一祖”，陆氏后人一直遵循先辈之意，在风光秀丽的鉴湖畔的鲁墟村附近隐居耕读，既学做人，又学谋生。陆游的六世祖陆郇和五世祖陆仁昭在此择地建宅，繁衍子孙，世守农桑之业，亦耕亦读，往来于鲁墟和梅市之间。其间，陆氏家族无一人出仕，寂然如雾豹冥鸿。

直到陆游高祖陆轸于北宋大中祥符年间由农家子弟中进士，释耒从仕，先后做过会稽太守、吏部郎中、直昭文馆、累赠太傅，以及睦州太守，陆氏家族才再次加入到仕宦行列中来。

陆氏世守农桑，陆游极为重视保持家族的这个传统，称之为家风，在诗文中屡次述及：“我家释耒起，远自东封前。诗书守素业，蝉联二百年。长老日零落，念之心惕然。每恐后生辈，或为利欲迁。”

耕读传家是我国古代根深蒂固的治家处世之道，与陆氏家族一样，无数聚居家庭与族群将其奉为家族兴旺与绵延不绝的不二途径。事稼穑，丰五谷，养家口，立性命，乃以为“耕”；知诗书，达礼义，立高德，养身性，乃以为“读”。耕读充满了汗水和喘息，又洋溢着芝兰之室的香远益清，故“耕读传家”这一治家观念既有重生计之“俗”，又有求高洁之

"雅"，实在是我国古代一种融雅俗于一体的生存智慧。直到清末民初，还有一些乡村大屋门联标榜："一等人忠臣孝子，两件事耕田读书。"

见惯了人事的无常与宦海的险恶，古代许多官宦之家从中吸取了生活的教训，积累了人生经验，将出仕和躬耕作为人生进退的两大平台。例如，即便做了两江总督，在家门鼎盛之际，曾国藩仍时时嘱咐族人要谨守耕读家风，在写给弟弟的家书中，说道："吾精力日衰，断不能久作此官，内人率儿妇辈久居乡间，将一切规模立定，以耕读二字为本，乃是长久之计。"在他看来，官位再高，也是一世，最多二世、三世，但都不是长久之计，谁看见累世为官不倒的家庭，反而是耕读之家，不但平安无事，而且长久不衰。如今自己已经体会到了宦海仕途的险恶与艰辛，虽然功成名就，未尝一日或忘警惕。如果能从勤俭耕读上做出好规模，即使一旦罢官，尚不失为兴旺气象。因此，才向后辈屡次强调耕读为本。

进则出仕，求取功名，平治天下；退则为农，独善其身。隐退田园，耕地读书，尽情享受自然风光与田园生活的乐趣，成为世家望族远祸存生的理想选择和理想的退路。陆游的家庭也是如此，尽管自唐朝以来累世为官，但是，不眷恋官场，且时时警惕动荡不定的官场、风险莫测的宦海给人生带来的风险。"世之言乐者，但曰读书乐，田家乐。可知务本业者，其境常安。"如若没有适合出仕为官的机会，那么安居田野，晴耕雨读，养志乐道，静观风云变化，以此作为人生的退路和归宿，也是士人自处的另一种选择。耕可立身，读可荣身，不耕则糊口不足，不读则礼仪不知，故亦耕亦读代代传承。

第二节　白首为农信乐哉

“小园烟草接邻家，桑柘阴阴一径斜。卧读陶诗未终卷，又乘微雨去锄瓜。”这首《小园》作于南宋孝宗淳熙八年（1181）四月，是陆游对自己的隐居躬耕生活的描绘。上一年，陆游因江西五月水灾奏请朝廷拨义仓粮赈济灾民，以及发文书让江西诸郡地方官给灾民发放粮食，受到朝廷的重责，被罢免了江南西路常平茶盐公事的官职，于是他年底返回山阴三山别业赋闲。

“离别家乡岁月多，近来人事半销磨。唯有门前镜湖水，春风不改旧时波。”（陆游：《回乡偶书二首》）回到了日夜思念的故乡，陆游又找到了那种久违的、就算走遍万水千山也寻不到的最妥帖的安暖。为了排解时时萦系于胸的报国无门、壮志难酬的愤懑之情，陆游沉醉于山乡淳美的田园风光，享受着农家的恬静生活。而这一切，陆游以歌咏农家乐的形式，进行了充分的表现。

在故乡的小园里，陆游忙时下地耕锄，闲时读读陶诗，既以佯狂自许，又以陶渊明自期，寻觅闲情，过起悠然恬静的田园生活来。陶渊明济世不成，便退而归田，结庐南山下。他笔下的世外桃源让无数人心驰神往。陆游自幼嗜读陶诗，也推崇陶渊明恬淡的生活态度。

在陆游眼中“竹林嵇阮虽名胜，要是渊明最可人”，自少年时，贪读陶诗以至达到废寝忘食的程度，他曾自述：“吾年十三四时，侍先少傅居城南小隐，偶见藤床上有渊明诗，因取读之，欣然会心。日且暮，家人呼食，读诗方乐，至夜，卒不就食。”（陆游：《跋渊明集》）

魏晋之世，天下多变，动荡不定，险恶莫测的时局使不少士人远遁山林。不为五斗米折腰，不肯向世俗低头，陶渊明最终选择辞去彭泽令而归家。我国古代有许多怀才不遇的诗人，除将郁愤不平之气宣泄于笔端外，最常见的方式或为借酒浇愁，以抒发心中块垒；或强作狂放，在声色歌舞的刺激中寻求暂时的解脱；或皈依佛老，以获得内心的安宁和解脱；或回归自然，借流连山水风光和田园生活逃避纷扰的世事。陶渊明选择“开荒南野际”，而陆游踵武前贤，选择回到故乡山阴。

山阴山水自古就以秀美著称于世，无怪古往今来众多的墨客骚人，尽管所处时代不同、身世不同及学识造诣不同，然至此无不勃发诗情。“峰崿隆峻，吐纳云雾，松栝枫柏，擢干竦条，潭壑镜彻，清流泻注。”（《会稽郡记》）故王羲之见之曰：“山阴路上行，如在镜中游。”王献之称赞道：“山川自相映发，使人应接不暇。”东晋画家顾恺之经典地概括为：“千岩竞秀，万壑争流。”顾野王《舆地志》则载：“山阴南湖，萦带郊郭，白水翠岩，互相映发，若镜若图。”这些名士的激赏更为越中山水增色。自东晋以来，历代名士大夫多有前来游巡居住者，逐渐形成了山水和文化交相辉映的奇异风貌。

故乡尽有好湖山，陆游热爱这里的一山、一水、一草、一木。在《稽山行》一诗中，他任情叙述了山阴土地之美，物产之富，人民之殷实，风俗之和乐："稽山何巍巍，浙江水汤汤。千里亘大野，勾践之所荒。春雨桑柘绿，秋风粳稻香。村村作蟹椴，处处起鱼梁。陂放万头鸭，园覆千畦姜。舂碓声如雷，私债逾官仓。禹庙争奉牲，兰亭共流觞。空巷看竞渡，倒社观戏场。项里杨梅熟，采摘日夜忙。翠篮满山路，不数荔枝筐。星驰入侯家，那惜黄金偿。湘湖莼菜出，卖者环三乡。何以共烹煮，鲈鱼三尺长。芳鲜初上市，羊酪何足当。镜湖滀众水，自汉无旱蝗。重楼与曲槛，潋滟浮湖光。舟行以当车，小伞遮新妆。浅坊小陌间，深夜理丝簧。我老述此诗，妄继古乐章。恨无季札听，大国风泱泱。"（陆游：《稽山行》）陆游对这里的山水怀有一种与生俱来的钟爱，在这里陆游充分享受自然慷慨馈赠的青山绿水乃至蔬果粮食。

陆游生于斯，长于斯，始终对故乡流露出一种深情的眷恋。陆游曾说："今天下巨镇，惟金陵与会稽耳。荆、扬、梁、益、潭、广皆莫敢望也。"可见，陆游对其为山阴之民是倍感自豪的。除入仕前闲居故里外，陆游自绍兴二十八年（1158）初入仕途，一生共经历了四次罢黜。这四次罢官回乡，使得陆游在山阴农村闲居的时间前后长达三十年，创作了田园诗一千余首。这些作品是陆游乡居生活的真实写照，自有一种远离官场浊暗、摆脱世俗烦嚣的怡然自得之意。清代王士禛《带经堂诗话》云："务观闲适，写村林茅舍、农田耕渔、花石琴酒事，每逐月日，记寒暑，读其诗如读其年谱也。”清代梁清远《雕丘杂录》亦云：“陆放翁诗，山居景况，一一写尽，可为山林史。”从陆游的乡居诗中，可以看到陆游对自己的田园生活满是喜爱：“三间茅屋寄沧浪，鸟出樊笼马脱缰。滟滟陂塘秧水满，阴阴门巷麦风凉。蔬盘旋采溪毛滑，篷艇新编露箬香。捐尽浮名方自喜，一生枉是伴人忙。”（陆游：《自笑》）

南宋孝宗淳熙十六年（1189）冬天，陆游被谏议大夫何澹以“嘲咏风月”罪名弹劾被罢，这已是陆游人生中第五次解职而归。他神色凄然地离开京城，返回故乡山阴。此后，从绍熙元年（1190）到嘉定三年（1210），在他生命最后的二十年，除嘉泰二年至三年曾一度到临安参加编修国史外，其余时间大都流连在故乡的湖光山色之中。起复无望、年华老去的陆游在受到接连的打击之后，是如何度过他最后的时光的呢？我们可以从他的别号和诗文中窥见一斑。

一般人皆知陆游号“放翁”，古人在名和字外起的别名，称为“别号”。呼人之号比呼其字更示尊重与客气。春秋时代的号多是他人起的，往往用伯、仲、子、甫、父等字样。汉代以后人多自号，把自己的性情、怀抱、癖好、理想都蕴藏于其中。陆游经历长期宦海风波，闲居故里，安享平淡的渔樵耕读生活，感受了劳动的快乐与艰辛，以求得到精神上的慰藉，反觉轻松，遂自号“若耶老农”“笠泽渔隐”“桑苎翁”“九曲老樵”“山阴老民”等。

其中，“笠泽渔隐”一号，颇受族中吴郡陆氏四十一世祖陆龟蒙精神志趣的影响。“笠泽”原是陆龟蒙的隐居地，陆龟蒙文集即名《笠泽丛书》。陆龟蒙是晚唐诗人，曾“举进士，一不中”就不再应考，归隐松江甫里，过耕读生活，一面躬自下田劳作，一面勤奋著书。虽出身于官僚世家，陆龟蒙却关心农事，有田数百亩。他常常捋起袖管参加田里的劳作，扛着畚锸，耕耘除草，而且对耕作农具有浓厚兴趣，对曲辕犁、钉耙、碌碡这些江南农村常用的农具钟爱有加，还专门写了《耒耜经》来介绍它们。朝廷曾以“高士”征召，陆龟蒙却不赴任，终身布衣。平日稍有闲暇，常放扁舟，置书册、茶灶、钓具于其上，往来太湖间。

生当乱世，郁郁不得志，同样的命运使得陆游更加推崇陆龟蒙那淡泊超然的风度，视其为祖上贤人。据学者熊艳娥统计：在陆游诗词中与陆龟蒙相关的词语、典故多次出现，约有44处；陆游文中也频频出现“某笠泽渔家”“某笠泽农家”“笠泽陆某”“笠泽渔翁陆务观”这样的落款，约有49次。诗文之中更是从操守品格、生活情趣、诗歌风尚等方面，对陆龟蒙表示崇敬之情、推重之意。

“松陵甫里旧家风，晚节何妨号放翁。”陆龟蒙与陆游二人虽然生不同时，野居闲乐的生活情形、不为世用的人生遭际却极为相似。因此，陆游视陆龟蒙这一宗门前辈为异代知己，经常表示要学习他的“散人”宗风。在陆游人生失意之时，是陆龟蒙指引着他走向阡陌田园间，怡然归隐，以躬耕为乐，助其忘却尘世的烦恼。

在初归故里的两年时间中，陆游对现实还不能完全接受，不断在“仕”和“隐”的矛盾中苦苦挣扎、彷徨、伤痛、失落，对自己本志在天下，结果一事无成，只得回归乡里以耕读为生的境况，有着些许闲居家中的无奈，即使满腔怨愤也只能借助乡居生活暂时来抵挡和消磨，哪里甘愿做一名“早收身江上，一蓑烟雨”的“无名渔父”呢？

在淳熙八年（1181）创作的《小园》组诗中，陆游说道：“村南村北鹁鸪声，水刺新秧漫漫平。行遍天涯千万里，却从邻父学春耕。”春耕时节的乡村景象如此清美，为什么陆游在如此大好春光之中却不能尽情享受呢？原来是志在天涯的陆游此时的内心充满了不甘和无奈，景色虽美却无心欣赏。一个“却”字，言明英雄无路请缨的悲愤和受压抑、遭排挤的苦闷，语义虽浅显，但力敌万字。

在经历了惨淡的宦游生活后，久受压抑的陆游面对新的人生处境，开始逐步调整自己的心态，努力忘却心中的种种不快，在无奈和无聊的贬谪生活中，挖掘生活的乐趣，以保持清心寡欲、恬静安闲的心境。直到淳熙十年（1183），他才开始以豁然的心态面对这一切，他置身大自然，迈步山水间，满足于“小筑幽栖与拙宜”，享受“读书写字伴儿嬉”，“已无叹老嗟悲意，却喜分冬守岁时”。在生命的最后时光里，陆游在故土觅得了安放心灵的净土。

沐吴郡陆氏耕读家风的陆游，晴可耕，雨可读，又可陪伴琴棋书画、诗酒茶，泉石松云、东篱黄花。虽与烦扰喧嚣的尘世隔绝，他却常常“身杂野老间”。这与“倚杖柴门外，临风听暮蝉”的高士王维有所不同，亲自劳作的陆游摒弃了儒家以躬耕为耻的传统观念，委心和投身于被儒家贬为“小人之事”的田园劳作中。他向乡亲学习稼穑耕种，参加一些力所能及的体力劳动，并自嘲“把锄犁不如健妇”。即使在耄耋之年，陆游依然“八十身犹健，生涯学灌园”，虽已年高体衰，不能再干重活了，还要“拥杖牧鸡豚”，做些喂鸡、养猪的活计，总不愿意让自己闲着。

在读书作诗之余，陆游常常出现在田间地头，跟农民一起劳动，一起欣赏田园风光，一起享受劳动的欣喜，一起满怀丰收的希望。“龙骨车鸣水入塘，雨来犹可望丰穰。老农爱犊行泥缓，幼妇忧蚕采叶忙。”（陆游：《春晚即事》）春耕时节，农事繁忙，八十三岁的陆游，用诗歌描绘了当地农村一幅“春晚即事”的美妙图景：久旱逢甘雨后，人们脚踏辘辘作响的水车，忙于灌溉。水从河中上行流到塘内，滋润着农田中正在生长的稻谷。此时正是作物最需要水的时候，所以种田人特别盼望的是今后能下几场好雨，水足了，稻谷丰收才有希望。为了抢农时，老农和小牛一齐下田，却又知道它力气小，不忍驱打，只得缓缓耕作。年轻农妇担心春蚕挨饿，忙于采桑叶。质朴善良的农民春耕农忙，日复一日辛勤劳作，望丰年是他们所有的期盼。

若没有对劳动价值的深刻理解，没有亲自领略过劳动的艰辛与喜悦，陆游笔下的田园风光不可能那么淳美，对农村的描写也不可能那么真实。身不离畎、手不释耒耜的陆游归耕田园后，不仅深入农民的生活、了解农民语言，还深入了解农民的心理，和周围的乡邻一样有共同的感情和语言，有共同的忧患与欢乐。他熟悉农活和庄稼生长规律，并由此产生忧虑、担心。耕牛、水车、老农、幼妇……陆游的诗所描写的对象都是农家的常事常景，一切如实说来，并无奇特之处，看似寻常，却在简单、朴素、自然之中包含了永恒、精细的魅力。

“家纵贫寒，也须留读书种子；人虽富贵，不可忘稼穑艰辛。”（清 · 王永彬《围炉夜话》）长期的农耕劳动，使陆游接近了农民并体验了农耕生活，也使他了解到许许多多的农民昼夜躬耕的疾苦和官府鱼肉百姓的暴行。“有山皆种麦，有水皆种粳。牛领疮见骨，叱叱犹夜耕。竭力事本业，所愿乐太平。门前谁剥啄，县吏征租声。一身入县庭，日夜穷笞搒。人孰不惮死？自计无由生。还家欲具说，恐伤父母情。老人倘得食，妻子鸿毛轻！”陆游在这首《农家叹》中就描述了一个普通农民辛勤耕作而自身不得饱，却被官府逼租酷打，几乎无以自存的惨况。终岁勤劳的农家汉已经竭尽其力，在所有的旱地、水田里耕种庄稼，绝无空闲。虽将马、牛等家畜视为至宝而百般爱护，如今牛颈因日夜负轭，已磨烂成疮，露出骨头，却依旧被驱赶着，连夜耕作，何以伤害至此呢？农民之所以这样竭尽全力，所愿不过是能过上温饱的安宁日子。然而，现实却让这个本极可怜的愿望难以实现，因交不足租税而被严刑拷打，以致他因不见活路而痛不欲生。可怜的庄稼汉日夜辛勤耕作所换的竟是“日夜穷笞搒”。陆游洞悉农民内心极端的痛苦：回家后身上难耐的疼痛，心中绝望的酸楚，这一切，因“恐伤父母情”又欲说而不忍，只能自己含茹禁受。

古往今来有多少出身于农家的官员，一旦富贵便忘掉根本，视耕种为下贱，视农夫为愚民。然而，陆游对风霜雨露、辛勤劳作的农民不仅充满怜悯和关怀，还志存康济。陆游家世有医学传统，通医术，受先祖陆贽影响，曾收集整理验方，编撰成《陆氏续集验方》。他给农民治病，并施药给他们，还常常登门探病，送药上门，受到农民极大的欢迎。《剑南书稿》中有七绝一首，足以证明其医术的精湛：“驴肩每带药囊行，村巷欢欣夹道迎。共说向来曾活我，生儿多以陆为名。”（陆游：《山村经行因施药》）许多被他治好的病人，将自己的孩子取名为“陆”，以表达对他的感谢。

大致而言，官宦人家的子弟终岁逸乐多骄逸，不营一业，而食必珍馐，衣必锦绣，还多颐指气使、盛气凌人。陆游虽出身官宦之家，自己也官至四品，却无不自量力的骄纵狂妄。为了更好地进行农耕，陆游还和村中的农民推诚相见，与他们结下深厚的情谊。在世人眼里，他或许不像一个飘然的隐士，更像一个可敬可亲的长者！在《秋晚闲步，邻曲以予近尝卧病，皆欣然迎劳》一诗中，就真实地记录了一件陆游与乡邻交往的琐事。陆游因病卧床，痊愈后闲步村中，村民对他的关切慰问，使他很受感动。

放翁病起出门行，绩女窥篱牧竖迎。酒似粥浓知社到，饼如盘大喜秋成。归来早觉人情好，对此弥将世事轻。红树青山只如昨，长安免拜几公卿？

织女篱间望，牧童笑相迎，纯朴热情的村民那真诚亲厚的情意，读起来真活现纸上。

“诗歌乃是个体生命对于自然生命的一种体察和感发，是人的精神生活的一种表现形式。”陆游采于山，钓于水，遣兴陶情，欣然投入，虽穷居野处，倒也颇为认真自得。他的田园诗大多是悠然自得、怡然自乐的乡村生活的写照，透过文字我们看到的更多的是田园劳作的惬意与闲适。

白首归耕的陆游，寥寥数语就将悠闲平静的农村生活表现得一览无余。“溪深不须忧，吴牛自能浮。童儿踏牛背，安稳如乘舟。寒雨山陂远，参差烟树晚。闻笛翁出迎，儿归牛入圈。”在描写牧童的日常生活的《牧牛儿》一诗中，诗作如寻常老农之语，毫无雕琢修饰，清新的田园之风扑面而来。

南方河多溪深，但不必担心牧童的安全，因为水牛是会游泳的。水牛在浅水区域游泳非常缓慢，一边游一边还不忘啃食水中的荷叶、蒿草和野生的水稻；唯有穿越深水区域时才特别快捷，一边不断地用力划动四肢，一边还把头角抬得高高的“嗯呀嗯呀”十分卖力和得意地叫唤不停。在涟漪荡漾的溪水中，牧童站在牛背上，如乘船一样安稳，轻而易举地就渡过了深溪。

远处的山坡上，天色已晚，暮霭沉沉，牧童骑在牛背上，吹着牧笛，悠闲自在地穿过林间小道，伴着晚霞归来。老翁听到这熟悉的笛声，出门相迎，孩子回来了，水牛入了圈，一天的劳动生活也结束了。夕阳之下，牛背牧归，确是“此景晚来宜”。如此清新生动的乡村生活，或许成了陆游心目中永远无法抹去的太平景象，是多么宁谧而又值得回忆。

陆游在《观村童戏溪上》一诗中说：“雨余溪水掠堤平，闲看村童谢晚晴。竹马踉蹡冲淖去，纸鸢跋扈挟风鸣。三冬暂就儒生学，千耦还从父老耕。识字粗堪供赋役，不须辛苦慕公卿。”陆游看到村童们在刚放晴的傍晚无拘无束地嬉戏，不由想到他们在农忙时节会跟随父兄力田耦耕，在春种秋收中，体会稼穑的艰辛、人生的至理；冬闲时则入塾学习，粗通文墨。这让陆游想起了自己的童年生活，他幼时因为恋慕公卿而寒窗苦读，但没想到入仕之后却颇多不顺，失意非常。

陆游辞官回家的愉快心情和重返田园生活的美好感受是与充满骇机、陷阱的官场相比较而得出的。如《村居初夏》所云：“官途自古多忧畏，白首为农信乐哉！”《秋晚闲步，邻曲以予近尝卧，皆欣然迎劳》亦云：“归来早觉人情好，对此弥将世事轻。”陆游与污浊、欺诈、倾轧的官场决裂，“思自放于山巅水涯，与世相忘”，选择退隐山村、归耕田园的闲适生活，在官场之外、现实社会之外的自然中寻求一种精神意义。

受到“世守农桑之业”家风熏陶的陆游，以耕读自处，不是只为追求口腹之饱而躬耕劳作，也不是借以表现高逸的林下之风，而是要通过这样的生活远离尘世的污浊，在劳作中获得生存的意义和人格精神的独立。

第三节　愿儿力耕足衣食

陆游曾在《示子孙》诗中说："为贫出仕退为农，二百年来世世同。富贵苟求终近祸，汝曹切勿坠家风。"他沐吴郡陆氏"耕读传家"的家风，从这样的耕读之家成长起来，加上后来久游于官宦之间，对于家庭传统对后代的影响十分注意。"耕读传家"对于培养后代、延续家业兴盛最有好处，因而他决心继承祖上遗风，更希望尽己之力传承家风，"每与诸儿论今古，常思百世业耕桑"。

陆游曾记叙会稽一位陈姓老人的故事，撰写成《陈氏老传》，以力劝子孙安于务农，布衣耕桑传家业。会稽五云乡陈氏老人，年近八十，生有三个儿子，有好几个孙子，都在乡里务农，靠努力勤奋耕种达到生活上的自给自足。凡是兼并人家土地财产或用典当、贩卖手段谋取盈利等事，陈家从来都不干。陈家除耕种养蚕，只干些捕鱼、打柴、饲养家畜的农活。陈氏老人对儿孙，只让他们略微识些字，不允许他们读书做官。要娶的媳妇，都是农家的女儿，家里的住房一小间也不轻易增添，生活用具都质朴坚实，不上漆装饰。身上穿的是布衣，只求冬天防寒、夏天驱热便可。陈氏老人这样做，四五十年如一日，儿孙都被感化，没有人违背老人的做法。

陈氏老人的故事，令陆游想到二百年来，家世数代皆仕宦，无一人务农，田地荒芜，一时感慨万千：“予尝悲士之仕者，若苟名位而已，则为负国。必无负焉，则危身害家，忧其父母，有所不免。耕稼之业，一舍而去之，复其故甚难。予先世本鲁墟农家，自祥符间去而仕，今且二百年，穷通显晦所不论，竟无一人得归故业者。室庐、桑麻、果树、沟池之属，悉已芜没。族党散徙四方，盖有不知所之者。过鲁墟，未尝不太息兴怀，至于流涕也。”（《渭南文集》卷二十三《陈氏老传》）农耕的家风几近两百年，传至陆游时已渐衰微，为此他甚为悲痛。因此，陆游坚持“为农幸有家风在，百世相传更勿疑”，一直致力于恢复和传承农耕家风。

在以农立国的中国，有千百个家族与吴郡陆氏一样，提倡“耕读传家”。过往的典籍中，关于“耕读”的教训比比皆是。明代忠义之士吴麟征居官时寄训子弟的文书《家诫要言》中说道：“世变弥殷，止有读书明理，耕织治家，修身独善之策。”清初学者张履祥训诫子孙既要“知诗书滋味”，也要“知稼穑艰难”。清康熙年间，扬州人石成金编撰的《传家宝》中有言：“人生在世，惟读书、耕田二事是极要紧者。盖书能读得透彻，则理明于心，做事自不冒昧矣。用力田亩，则养赡有赖，俯仰无虑……若不读书，何以立身行道、显亲扬名？若不耕田，何以仰事父母？何以俯畜妻子？唐人诗云：‘天下良图读与耕。’要知一切事，总不如此二字之高贵安稳也。”

陆游在为伯父陆寘撰写的《右朝散大夫陆公墓志铭》中，记述了他退耕乡里、扶贫助弱的懿行：“初甚贫约，公才具高，既不仕，因治产业，甫数年，家大赡足。然取予有大略，不务苛碎。凶年赈贷，至倾仓庾，无少计惜。邻里疾病嫁娶丧葬，有弗给者，不待告而赒之，然必以莫夜，曰：‘吾畏人知也。’”

陆寘在与金兵血战沙场多年后，解甲归田，不为尘俗所扰，隐于无锡蠡湖桃墅，读书赋诗以自适。他的子孙也效仿先祖们的宏才令德，力田事农桑。据陆德文、陆铮查考无锡朝散支后裔的宗谱文献，可知“自元珍公解甲归田以后，800余年来，已从第52世传至第82世。其后人大多世世代代在环太湖地域农村辛勤力耕，以事农桑为业，为典型的自给自足、繁衍生息的农耕文明世系时期”。

陆游担心子孙不习农事，招佃耕种，于是苦口婆心地告诫子孙要传承耕读家风，反对好逸恶劳、不劳而获的不良品行。“闻义贵能徙，见贤思与齐。食尝甘脱粟，起不待鸣鸡。萧索园官菜，酸寒太学齑。时时语儿子：未用厌锄犁。”（陆游：《示儿》）这首诗是告诉儿子：一日三餐能够吃到新鲜甘美的粮食，全靠每天早出晚归的劳动。整天和姜、蒜、韭菜之类打交道，对于一些读书人来说，似乎有点儿寒酸了，但是，陆游却不希望自己的儿子也有这样的观念。这在“万般皆下品，惟有读书高”的宋朝实在是难能可贵的。

士农工商，陆游强调以农为本。农业为国家之根本，这是中国古代思想家的重农思想，倡自战国的韩非。《韩非子·诡使》云：“仓廪之所以实者，耕农之本务也。”陆游继承并发展了古代的农本思想，他的重农思想正是建立在对农为“国本”的思想认识上。其《病中作》之二云：“周家七百年，王业本农耕。造端无甚奇，至今称太平。”这是陆游为周代之所以能维持较长时间统治所作的经验总结。他称农业为“神农之学”，强调“神农之学未为非”，将“农功”比作“六艺”，视为根本、正业。他八十四岁时，还在《幽居记事》中坚定地说：“治道本耕桑，此理在不疑。”这是陆游童年时在家塾中学习《诗经·豳风》以后的一贯信念。

正是因为陆游在看待农与仕的关系时一反一般人重仕轻农的看法，把农看得高于一切，故而他常常亲自操持农务。陆游《督下麦雨中夜归》中写道：“细雨闇村墟，青烟湿庐舍。两两犊并行，阵阵鸦续下。红稠水际蓼，黄落屋边柘。力作不知劳，归路忽已夜。犬吠闯篱隙，灯光出门罅。岂惟露沾衣，乃有泥没胯。谁怜甫里翁，白首学耕稼？未言得一饱，此段已可画。”陆游的儿子是他的得力助手，“儿能哀老子，努力事春农”。

陆游以身作则，给子孙做引路人，也时时教育子孙勤于稼穑，注重农事。“竭作朝筑陂，独劳暮鉏菜。草烟栏犊卧，船响篱犬吠。残年迫耄及，农事不敢废。儿曹强学余，努力事春碓。”（陆游：《秋夜感遇十首以孤村一犬吠残肌人行为韵》）他教导小儿要劳作生产，懂得体会耕作的艰辛，如陆游《村舍》中写道：“露草干时儿牧羊，朝日出时女采桑。”

陆游一生经历坎坷，深谙仕宦之途的艰难。官场上的成败得失，在他看来终是“王侯蝼蚁，毕竟成尘”，留下的只有“躲尽危机，消残壮志，短艇湖中闲采莼。吾何恨，有渔翁共醉，溪友为邻”（陆游：《沁园春·孤鹤归飞》）。因此，他劝诫子孙在读书而仕的同时，要有退而务农的思想准备。

历史上多的是韩信这类因功高震主而身死魂灭的人，少的是范蠡这种功成身退者。韩信率军出陈仓、定三秦、破代、灭赵、降燕、伐齐，直至垓下全歼楚军，无一败绩，天下莫敢与之相争，为高祖打下了大半个天下，他的不世之才始终让刘邦忧心忡忡，最后落得“狡兔死，走狗烹；飞鸟尽，良弓藏；敌国破，谋臣亡”的下场；为越王勾践雪会稽之耻，建立霸业立下汗马功劳的范蠡，在越灭吴后，即放弃了高官厚禄“遂乘轻舟，以浮于五湖”。同为人臣，范蠡却懂得示弱守拙之道，能够在权力面前保持冷静和克制，以明哲保身，这才是现实生活中真正难得的。

陆游历尽人生冷暖、参透世态浮华，更知“功高震主者身危”的道理。在他看来，“吾家世守农桑业”，陆氏一族虽是有权有势的官宦之家，却依旧要保存着稼穑耕种的农家本色。做官不过是暂时的，而通过自己的劳动获得物质保障的农桑耕种才是根本，“不妨世世业耕桑”。因此，他不求富贵门第，奉劝“吾儿姑力穑，莫羡笏堆床”，更希望出仕的儿子早退归农，“更祝吾儿思早退，雨蓑烟笠事春耕”，自己岂不也得些天伦乐趣？

在为官期间，陆游深受儒家思想熏陶，积极出仕，力尽君臣之义的道义与行道济世的使命，不仅是尽力而为，甚至做到了某些时刻的知其不可为而为之。比如，陆游一直坚持抗金主张，不断触犯着主和势力的忌讳，曾向孝宗上书极力主战，站出来支持张浚北伐，陆游这样做是明知没有好果子吃，却不顾自身安危与政治前途，仍以独立的姿态来替张浚草拟请战奏折，参加了北伐的筹划。最终，陆游被诬为“鼓唱是非”，而遭罢职回家。在仕宦道路上接二连三地遭到风浪的袭击，他深感社会风气之败坏，希望儿子不要仅对建功立业执着追求。“古之君子不必仕，不必不仕。必仕则忘其身，必不仕则忘其君。”这是孟子对孔子参政态度的结论，也是陆游对“仕”与“不仕”的见解，看似让人无所适从，实际上大有深意。陆游一方面让子孙不必矫情避仕，不要放弃任何一个可以出仕的机会，行义求志；另一方面告诉子孙不必屈己于仕，自感处境岌岌可危便可主动出朝，“一挂朝衣即力耕”，随时做好“退为农”的准备。

在陆游看来，即使走仕宦之路，也要牢记自己家族始终务农种桑的本业，将耕读作为家庭文化予以代代传承。于是他告诫儿子们说：“吾家本农也，复能为农，策之上也；杜门穷经，不应举，不求仕，策之中也；安于小官，不慕荣达，策之下也。舍此三者，则无策矣。”（陆游：《放翁家训》）在他看来，务农是上策，读书不做官是中策，做小官不求荣达是下策。世风日下，官场腐败，尔虞我诈，互相倾轧，仕宦变化无常，不去做官而去为农，没有什么值得遗憾的。

“强健如翁举世稀，夜深容我叩门扉。大儿叱犊戴星出，稚子捕鱼乘月归。骨肉团栾无远别，比邻假贷不相违。”（陆游：《访村老》）陆游羡慕邻家老少齐力务农，希望自己也能骨肉团圆，安享岁月。自己不奢求儿孙尽享荣华富贵，而是教育他们要辛勤劳作。“诸孙晚下学，髻脱绕园行。互笑藏钩拙，争言斗草赢。爷严责程课，翁爱哺饴饧。富贵宁期汝？他年且力耕。”（陆游：《农家》）每当心爱的孙子们放学后，陆家便迎来了最快乐的时光。陆游总是边看着顽皮而任性的孙儿围绕在自己的身边，淘气地嬉戏玩耍，边笑嘻嘻地捋着胡子，边憧憬着孙儿们的未来。

在传统社会中，仕宦是一种特殊的职业，出仕是读书人实现人生价值的重要标志，而统治者为巩固自身统治的需要也鼓励学子们以读书应举为务。这样便出现了一种社会现象，即科举考试“诱使士子们疯狂地追求金榜题名”。陆游却认为，读书是为了修身，这是第一位的，而仕进才是第二位的，如他在《感事示儿孙》诗中说：“人生读书本余事，惟要闭门修孝悌。蓄豚种菜养父兄，此风乃可传百世。”他把仕宦视为下策，主张做一个力耕的布衣，也胜过富贵的公卿。其原因正如《示元礼》一诗中所说：“燕居侍立出扶行，见汝成童我眼明。但使乡闾称善士，布衣未必愧公卿。”陆游希望儿子长大后能够让乡亲们称赞他是一个品行高尚的人。如果是这样的话，当个普通老百姓，也是高尚和荣耀的，就是和当朝高官显爵相比，也是无愧的，甚至强似高官显爵。在陆游看来，“为农为士亦奚异，事国事亲惟不欺”，当农民和当官没有什么区别，做官不是唯一的出路，只要道德修养好，为农和做官一样也能有所作为。

从事农业劳动还有着特殊的意义，那就是可以避开人世祸患。南宋是典型的乱世，从事农业劳动确实辛苦，却是最安全的道路，即使被罢官，还能自力更生，于人无求，于已无愧。在陆游看来，为避祸患，绝仕躬耕不失为明智之举：“祸有不可避者，避之得祸弥甚。既不能隐而仕，小则谴斥，大则死，自是其分。若苟逃遣斥而奉承上官，则奉承之祸，不止失官；苟逃死而丧失臣节，则失节之祸不止丧身。人自有懦而不能蹈祸难者，固不可强，惟当躬耕绝仕进，则去祸自远。”（《水东日记》卷十五《陆放翁家训》）所以，他教育下一代，只希望我们家能耕读并重，不求丰衣足食，甘愿粗食敝衣、勤恳节俭度日，养成自己立世待人的良好操行。

力保耕读家风，不仅可以使陆家在门第鼎盛之时，持盈保泰，防患于未然，给鼎盛的家势多一道保险，确保子孙退有余地，更能使其保持普通耕读之家生活的那种平淡、安适。

“耕，外可耕种田地，事稼穑以自给自足；内可耕自身之心田，打磨心性，知行合一，所谓耕种心田是也。”渔樵耕读是古代士人的美好向往，也是陆游盼望子孙世代祥和太平的美好愿望。这样的家庭教育，远比继承物质上的万贯家财，更令人受用不尽。因此，他才孜孜不倦地“仍须教童稚，世世力耕桑”，希望把这份宝贵的财富传递给下一代，使之薪火相传。

第五章 贵德艺兼

一个家族文化的传承，关系到一个家族的知识水平、修养程度，更关系到家族的精神风貌及家族的兴衰。吴郡陆氏家族是历代居官的官宦世家，更是一个以儒学传家的文化家族。

吴郡陆氏家族作为一个有着深厚儒学修养的文化士族，着意使子弟在道德修养和学艺两方面延续家族命脉。一方面承袭了儒家以孝悌仁义等道德规范为主要内容的价值理想和生活样法，使其深深根植于家族文化的血脉之中，成为一种文化传统；另一方面又要求子孙在博学的同时注重多方面能力的培养，兼习身处士大夫社会生活中所需要的“杂艺”，即琴、棋、书、画、数、医、射、投壶等。

中华文化有着五千年的丰厚积累，其中关于人的道德修养的智慧总结，强调遵循“仁、义、礼、智、信、忠、孝、悌、和、让”等行为准则，比世界上任何一个民族都要丰富和全面。中国传统社会向来注重对孩童实施道德教育，强调道德的修身功能，即通过个人的道德修养，启发个体的内在道德自觉，督导个体不断进行自我道德品行的修炼，从而成为一个真正有道德良知的人。孔子提出“修己以敬”“修己以安人”“修己以安百姓”，传统道德修养不仅是世世代代中国人规范自身行为的立身规范，也是古圣先贤教导我们如何与身边的亲人、朋友、邻里交往的处世之道，更是通过提高自身的道德修养来达到化天下为善的美好理想。《礼记·大学》里有“正心、修身、齐家、治国、平天下”的教育主旨，强调通过“正心、修身”来达到“齐家、治国、平天下”之目的。孟子教育子女要有“富贵不能淫，贫贱不能移，威武不能屈”的高尚道德操守。

陆游对于儒家“仰不愧于天，俯不怍于人”的人生价值观，也颇为认同。他希望子女“孝悌行于家，仁义修于身，独有古遗法，世世守之，不以显晦也”，引导他们从小在家庭环境中接受儒家伦理思想的潜移默化影响，将修持德操、砥砺名节化为自觉的人生追求，不仅在家孝悌友爱，而且在外能有礼有节、仁义忠信，成为“但使乡闾称善士，布衣未必愧公卿”的有德之士。

孔子说：“志于道，据于德，依于仁，游于艺。”（《论语·述而》）在孔子看来，君子要使自己成为一个完美的人，首先要以学道为志向，其次要遵循德，再次要归依于仁，最后还要涉猎游观各种艺事。为什么要遵循这样的顺序呢？朱熹解释说：“学莫先于立志，志道，则心存于正而不他；据德，则道得于心而不失；依仁，则德性常用而物欲不行；游艺，则小物不遗而动息有养。学者于此，有以不失其先后之序、轻重之伦焉，则本末兼该，内外交养，日用之间，无少间隙，而涵泳从容，忽不自知其入

于圣贤之域矣。”（朱熹：《四书集注》）

受到正统的儒家教育的陆游也认可“游于艺”是修心治身的重要一环，故要求子孙既要谨守儒家之道，又突破了以儒家经典为主的治学限制，鼓励其研习经史百家之学，劝导子孙对书法、算术、医药、绘画、抚琴、弈棋、射箭、投壶等杂艺中有益于身心和应世者，稍事涉猎。这样，以风雅自铸人格的陆氏子孙便可以获得一种自由而恬然的心境感受，在自己的人生旅途上与笔墨纸砚、金石碑刻、琴棋书画、香茶药酒、剑骑猎钓等幽雅精致之事结伴而行，借此以娱心畅情，养成善良、安详、明净、平和的品格。

第一节　唯要闭门修孝悌

我国民间有句旧谚："百善孝为先，万恶淫为首。"在广袤的中华大地上，孝文化几乎无处不在、无处不有。既有不少传说中的典故及遗迹，又有众多标志性的地名和建筑。尤其是"二十四孝"的故事，以戏曲、绘画、剪纸、皮影、漫画、木雕、砖雕、石刻等艺术形式广泛传播，"缇萦救父""黄香温席""王祥卧冰""陆绩怀橘""吴猛饲蚊""杨香缚虎"等至纯至孝的故事，可谓是妇孺皆知。

"孝"字是一个上下结构的会意字，在金文中，"孝"字作""，老人仅以长发（字形的上半部分）表示，整个字形像一个长发的老人用手抚摸一个孩子的头，大抵是表示长者与年青一代之间的亲密关系。

起源于图绘的中国古文明象形文字，是历史悠久的非物质文化遗产，一笔一画之中，都隐含了先民言语的符号，是一种古文化的记号。象形文字可以反映人们当时的生活环境、使用工具、生活方式，甚至是处理事物的方法和思想概念。

早在甲骨文中就有“孝”字，作“”，古文字字形背后的真正含义是什么呢？从字形上看，它与金文的“孝”字是一样的，只是省略了老人的身和手。“孝”字的上部像个弯腰弓背、手拄拐杖、白发飘拂的老人，而下部像个双手朝上伸出，作行礼、服侍状的子孙。《说文解字》上对“孝”的解释为，孝即是“善事父母者，从老，从子，承老也”，意思是说一切顺承父母者为“孝”。

“孝”乃至德要道，孔子讲道：“君子务本，本立而道生。孝悌者也，其为人之本欤！”（《论语·学而》）陆游也极为重视“孝”的观念。据明代凌迪知《古今万姓统谱》卷十八载：“陈嗣光，字朝倚，宁德人。处己廉，事亲孝，宗族乡党称焉。因朝廷举孝廉，县以嗣光应诏。邑簿陆游为立孝廉坊以旌之。”乾隆本《宁德县志》卷七《人物志·敦行》亦载此事：“邑簿陆游立孝廉坊以旌之，且赞曰：‘吾观朝倚，孝著闾里，报不在其身，必在其子孙。’”牌坊上的意义，若用古人的话来表述，即所谓“旌别淑慝，表厥宅里，彰善瘅恶，树之风声”。陆游在宁德扶持纯良之士陈嗣光，为其孝行而立孝廉坊，以树立诚孝的榜样，于此可见陆游对孝道的褒扬和对孝行的推崇。

被东汉经学大师郑玄称为“三才之经纬，五行之纲纪”的《孝经》，作为儒家教孝之书，明确提出以“孝”作为规范家庭伦理、调整社会关系的基础规范，无论是天子还是百姓，“孝”都是做人不可或缺的道德规范，是人道德的根本。陆游重视《孝经》，《寓叹》云：“《孝经》一生行不尽。”

《孝经》根据西周社会的宗法等级制度将社会阶层划分为天子、诸侯、卿大夫、士、庶人五种不同的等级身份，提出了五个阶层不同的行孝方式。

其中的士阶层在中国历史上占有相当重要的地位，士阶层出现在春秋时代，代表普通官吏的阶层，他们的地位是周代次于卿大夫的最末一等的爵位，有上士、中士、下士三级，是王朝和诸侯国中面向庶民负责处理具体事务的人员，虽不似诸侯、卿大夫般富贵显赫，但身份也不同于平民百姓。

基于士阶层的特殊地位，《孝经》对其提出的孝道要求也主要是以忠顺为主，把对其父母的爱敬推广到统治者身上去。士之孝要求："资于事父以事母，而爱同；资于事父以事君，而敬同。故母取其爱，而君取其敬，兼之者父也。故以孝事君则忠，以敬事长则顺。忠顺不失，以事其上，然后能保其禄位，而守其祭祀。盖士之孝也。"（《孝经 · 士章第五》）

作为士阶层的一员，陆游自觉地遵守《孝经 · 士章》之训，将"《士章》八十字，世世写屏风"，以提醒自己时时谨记古人教诲。

"何如斯可谓之士矣？"孔子讲："行己有耻，使于四方，不辱君命，可谓士矣。"（《论语 · 子路》）孔子的学生曾子说过："士不可以不弘毅，任重而道远。"（《论语 · 泰伯》）可见所谓的士君子和士大夫，有着矢志不渝的信守和舍我其谁的担当。

退居故里之后，陆游还与乡邻相约学习《孝经》的有关章节，成为"孝"文化的传播者。他曾作诗《示邻里》云："古学陵夷失本原，读书万卷误元元。从今相勉躬行处，士庶人章数十言。"

《孝经 · 庶人章》言："用天之道，分地之利，谨身节用，以养父母。

此庶人之孝也。”古代把没有官爵的平民百姓称作“庶人”，他们无权无势，不能给父母带来荣耀，也不能让父母过锦衣玉食的生活，但是庶人对父母的孝是把所有的精力都用来奉养父母，并不逊于天子、诸侯的孝，甚至比他们更朴实和直接。

陆游在《记东村父老言》中说：“原上一缕云，水面数点雨。夹衣已觉冷，秋令遽如许。行行适东村，父老可共语。披衣出迎客，芋栗旋烹煮。自言家近郊，生不识官府。甚爱问孝书，请学公勿拒。我亦为欣然，开卷发端绪。讲说虽浅近，于子或有补。耕荒两黄犊，庇身一茅宇。勉读庶人章，淳风可还古。”东村的父老可能不知“五经”为何物，也可能斗大的字不识一个，但是孝道的传播并不会因为有无文化而受到限制，陆游耐心地用简明通俗的孝道故事向他们宣扬行孝的准则，鼓励他们充分利用天时地利，奉行勤俭节约，照顾父母，使其得以颐养天年。

吴郡陆氏家族重孝，陆游更是将“孝悌行于家”奉为家规遗训。陆游的儿孙对他的奉养，称得上是居要致以敬，养要致以乐。陆游在《示儿辈》中说：“穷居怀抱久无欢，犹赖吾儿得少宽。谨视鸡豚供老疾，力营薪炭备春寒。旧书缀缉编无绝，小瓮调停味不酸。坐使乃翁无一事，高眠常到日三竿。”陆游之子，尽心尽力侍奉父母，怕父亲因俗事累身，便尽心尽力地代父打点家务，打理家内一应琐事。子孙勤劳能干，持家有法，以至于陆游无事，丝毫不被家政所累，整天可以睡到日上三竿。可以说，陆游得以悠游自在地享受怡老生活，和其子的精心承侍是密不可分的。

儒家认为，人的生命虽受之父母，但本质上却源自家族一种神圣的生命力量，家族的延续因此成为中国人思考一切问题的起点。先秦儒家对鬼神敬而远之，但却重视祭祀。《论语》中说的“慎终追远”、《礼记》中说的“报本返始”，强调的都是对宗族中远逝的祖先要怀有追思之心。人们只有在追怀先祖的历史和事迹时，才能返回本原，不忘自己从何而来，对生命怀有感恩之心。

在《陆孺人墓志铭》中，陆游记述了从祖姊陆氏慎终追远的孝德：“然奉家庙尽孝尽敬，朝夕定省如事生，凡祭祀烹饪涤濯皆亲之，至累夕不寐。”

所谓慎终追远，就是亲祖死，葬之以礼，祭之以礼。亲祖去世时，要妥善安葬，死事哀戚，符合礼制。追远就是通过祭祀祖先，而使后人常存追念先人之孝思。孔子高徒曾参说：“慎终追远，民德归厚矣。”这就是说要严肃操办父母的丧事，以祭祀的方式追念远代的先祖，这样民性就可以归于淳厚了。陆氏家族向来注重“慎终追远”，以此来缅怀先人之泽，追忆先人之德，并将它视为家族凝聚和延续的一种精神信仰。

惠山脚下的惠山古镇沿市河两岸接踵排列大大小小近百座不同历史年代的祠堂和家庙，屋舍俨然，建筑宏丽，分阁鎏檐，曲尽精妙，且各有特色。其中的陆宣公祠，是陆氏族人追思唐代中书侍郎同平章事、四十世先祖陆贽，以及陆氏先贤的宗祠。这座祠堂是宋代古遗址建筑，由吴郡陆氏第五十二世孙、陆游的叔父陆寀于绍兴五年（1135）始建，该祠经陆氏后裔多次修复，主体建筑保留至今。

在我国传统习俗中，最郑重其事的活动就是祭祖。中国古代帝王立庙祭祖，始于殷代。周天子有七庙，汉朝立有九庙以祭祖。以后历代相沿，到了明清时代，已逐渐形成了一套完备的宗庙祭祀制度。明清皇家祭祖，凡婚丧、登极、亲政、册立、征战等国家大事，都要告祭太庙。作为明清两代皇帝举行祭祖大典的场所，太庙建筑群呈长方形，占地13.9万平方米。主体建筑为前、中、后三大殿。前殿又称享殿，是三大殿中的主殿，这里是皇帝举行大祀之处。

太和殿是紫禁城的中心，理应至高无上，但是皇家却让祭祖的太庙享殿高过皇帝主理朝政的太和殿，这反映出了中国古代礼制中皇帝虽位尊权高但不可压祖。

明清帝王祭祖有四种形式：时享、荐新、祫祭、禘祭。“时享”是四季孟月之祭，也就是每个季节的头一个月要祭祖，所谓“因时变，致孝思，故备三牲黍稷品物以祭”，故名时享。“荐新”是每个月头一天要向祖先祭献新鲜时令食品的礼仪。“祫祭”是集合皇帝远近祖先的神祖（牌位）于太庙合祭。古时五年一祫祭，汉代三年一祫祭。明清一般于岁暮举行，也有春秋两祭的。“禘祭”是祭祀始祖、远祖的礼仪，如清代立国后追封的太祖之前的肇、兴、景、显四祖。

不仅历代帝王把祭祖作为“以孝治天下”的头等大事，而且名臣望族也都有祖庙宗祠，普通百姓每年清明节都要进行祭祖活动。因为尊祖敬宗观念的持续作用，家族的形成和团结也依赖于各式各样的祭祀活动，所以祭祀之礼能够传承千年而不衰。

冬至是吴地传统的祭祖日子，民间有冬至祭祖送寒衣、祭祠堂敬祖宗的风俗，称为“做冬至”。到冬至这一天，从朝士大夫到平民百姓家列酒果糕耦祭祖，开设家宴，其乐融融。陆氏宗亲会将“陆宣公祠”作为永久性祭祖场所，每年冬至举行大型祭祖大典。

通过举行隆重的祭祖敬宗、上坟扫墓等外在的仪式，陆氏子孙不仅表达了对先祖的思念和虔敬之情，也使得家庭成员能够从中寻找到归属感。“人类不是个人，而是家族的一分子，是家族生活巨流的主要部分。”陆氏家族犹如一棵生长了近千年的参天大树，每个陆氏子孙的生命仿佛是那棵树的一部分或一个分支，生在树身上，以其生命来帮助全树的生长和赓续。每个人在家族历史里扮演着一个角色，对整个家族履行其责任。

抗日战争时期，从1937年8月16日至10月上旬，日军多次空袭无锡，惠山近一半祠堂毁于战乱，陆宣公祠幸未被毁，但“垣颓、瓦破、栏折、榱倾”，祠堂内器具全部散失。据陆氏后人陆宪正回忆，陆氏鸿山支族人陆雨生见园林亭榭失修，山池草木无人照料，呈现一片萧条景象，十分不安和伤感，不忍任其荒芜，于是提议重修祠堂，其建议得到各支裔的一致赞成。值得一提的是，根据1950年庚寅版《陆氏文献》记载，囿于当时那兵荒马乱，薪桂米珠的年代，陆氏家族限于财力，修祠堂均是族中人按米价捐款的，陆雨生和吴塘支的陆小槎共垫资550万元。在1946年夏开工维修，翌年春全部竣工后，接收汤恩伯将军书赠之“学为帝师”祠额，随即盛举惠麓祠堂群中，当时唯陆氏合族子孙千余人参加了春祭典礼。

生者与逝者生命接续的过程，是陆氏家族从先辈获得如何生活下去之精神与道德原则的中介，是他们获得生命归宿感的基础。陆氏家族的祭祀，不仅是祭奠先人，更是通过一整套的礼仪，使“小我”之精神与祖先相沟通，获得“大我”式的存在。

正如著名学者葛兆光所说：“一个传统的中国人看见自己的祖先、自己、自己的子孙的血脉在流动，就有生命之流永恒不息之感。他一想到自己就是这生命之流中的一环，他就不再是孤独的，而是有家的，他就会觉得自己的生命在扩展，生命的意义在扩展，扩展成为整个宇宙。而墓葬、宗庙、祠堂和祭祀，就是肯定并强化这种生命意义的庄严场合，这使得中国人把生物复制式的延续和文化传承式的延续合而为一。”

陆氏子孙祭拜家族先人，尊天敬祖意在不忘本，厚恩义，修德睦，尊尊而亲亲，增强家庭与家族的凝聚力，维护了家族内部长久的和谐稳定。

养亲与敬亲，孝之至也；兄弟怡怡，宗族欣欣，友之至也。陆氏家族不仅重孝，也重视“友爱兄弟”的传统。

父亲爱儿子，哥哥爱弟弟，这是做父兄的本分，不必责备儿子或弟弟一定要顺从；那么做儿子的，或是做弟弟的，本来就应该爱父亲和哥哥，也不必责备父亲或哥哥，对自己一定要慈爱。只要各自尽了应该尽的本分，彼此责难对方的这种毛病，自然就会没有了。

陆氏家族将“友”作为处理兄弟关系的行为规范，它的具体内容即“长爱幼敬”。这是一种好习惯的秉持，也是一种信念的传承和人生价值的体现。

正如颜之推在《颜氏家训·兄弟篇》中所说：“兄弟者，分形连气之人也。方其幼也，父母左提右挈，前襟后裾，食则同案，衣则传服，学则连业，游则共方，虽有悖乱之人，不能不相爱也。”兄弟姐妹之间共同的血缘是联系他们的自然生理基础，从小共同生活，培养了他们相互依赖、相互帮助的认同心理和亲密情感。无论在何种情况下，兄弟姐妹之间有如同手足一样血肉相连，不可分割。

天台山上的两株千年古树，就见证了陆游和长兄陆淞的兄弟情谊。南宋绍兴年间，陆游游访天台山并看望不久前从县令任上退下而留居天台山的胞兄陆淞。两人结伴郊游，途经东岙，被该村的优美环境所吸引，陆游种苦槠以明志，陆淞栽樟以纪念。一苦一香，盖因两人的处境、心情不同，发人遐想：苦槠树里，蕴含有陆游一生中对唐琬无法释怀的苦情，以及“胡未灭，鬓先秋”的悲戚酸楚；香樟是家园之树，流露出陆淞已将异乡当故乡、把天台山当作自己的人生归宿的阔达心境。至今风雨相望的苦槠、香樟傲然挺立，迎风飒飒，向今天的人们讲述着兄弟间亲情的温暖和美好。

家庭是社会最基本的构成要素；家族则是由有血缘关系的多个家庭所构成的亲族团体，甚至是有着尊卑秩序和共同文化理念的社会组织。“族”是在“家”的基础上发展而来的，系同出一脉的“家”的集合体。《白虎通 · 宗族》云：“族者何也？族者，凑也，聚也，谓恩爱相流凑也。上凑高祖，下至玄孙，一家有吉，百家聚之，合而为亲，生相亲爱，死相哀痛，有会聚之道，故谓之族。”由此可见家族是有根的，家族是有魂的，那根连接族人心灵的纽带，正是至真至纯的孝悌之爱。

在世代相传的过程中，吴郡陆氏家族子弟之所尚，仁孝友爱。他们一直兢兢业业，恪承祖训，以孝悌相承作为家族的文化根基，也为其家族得以敬宗收族、保持闻望勿坠提供了强有力的内部动力和支撑。

吴郡陆氏家族的“孝悌”故事没有讲完，一家之亲、骨肉之爱，是父子以礼相待，是兄弟以德相爱，它们如同跳荡不息的音符奏响了永恒的爱的交响曲……

第二节　从来简俭作家风

陆游倡导的“愿儿力耕足衣食”，看似简单，实际上蕴含深意：重农桑以足衣食，尚勤俭以惜财用。“耕”，可以让后辈体会到生存的艰难，所得之不易，保持农民的淳朴本色，有助于抑制骄奢淫逸的风气，实际上说的是“勤俭”。

勤俭不仅仅是一种美德，一种素养，更是一种使家族兴旺、族人生活蒸蒸日上的长久之计。只有“勤”才能保证生活的不匮，而只有“俭”才能做到量入为出，使生计得以长久维系。

关于“勤俭”还有一个非常久远的故事，令人津津乐道。

从前，在中原的伏牛山下，住着一个名叫吴成的农民。他一生勤俭持家，日子过得衣食无忧，一家人和睦美满。他临终前，将两个儿子叫到床前，颤颤巍巍地把一块写有“勤俭”两字的横匾交给两个儿子，并且语重心长地告诫他们说：“你们要想一辈子不受饥挨饿，就一定要照这两个字去做。”

两兄弟在分家时，看到了父亲留下的这块匾额，一时不知应该分给谁。兄弟俩思来想去几经商议，最后决定将匾一锯两半，老大分得一个“勤”字，老二分得一个“俭”字。

老大把“勤”字恭恭敬敬地高悬在家中，并以此作为治家之道，每天“日出而作，日落而息”，年年五谷丰登，粮食堆满了谷仓。然而，他的妻儿过日子却大手大脚，孩子们常常将白白的馍馍吃了两口就扔掉。久而久之，老大家里竟然没有一点儿余粮。老二自从分得半块匾后，也把“俭”字当成“神谕”供放中堂，却把“勤”字忘到九霄云外。他疏于农事，所以每年收获的粮食就不多。尽管一家人精打细算，毕竟也是难以持久。

有一年，恰逢大旱，老大家虽有收成，却因为挥霍无度，家里的粮仓粒米无存；老二家的田地却因为疏于耕作，庄稼颗粒无收。本以为按照父亲留下的治家良策就能生活富足、仓廪充盈，谁知现在却落得食不果腹的地步。气急败坏的兄弟俩扯下各自的半块横匾，将“勤”“俭”两字扔在地上。可在这时候，当这两个字又合在一起时，他们似乎才明白当初父亲留给他们“勤俭”的用意：只勤不俭，好比端个没底的碗，总也盛不满；只俭不勤，坐吃山空，自然要受穷挨饿。

兄弟俩恍然大悟，“勤”“俭”两字原来不能分家，相辅相成，缺一不可。吸取教训以后，兄弟俩将“勤俭持家”四个字贴在自家门上，不但提醒自己以身作则，还告诫妻室儿女要身体力行。从这以后，他们的日子也就过得一天比一天好了。

简单朴实的故事，深刻朴素的道理，难怪“勤俭持家”会成为古代大多数家庭秉持的重要治家观。吴郡陆氏一族也严格教育其子孙恪守勤俭，陆游在《放翁家训》中劝诫子孙说：“天下之事，常成于困约，而败于奢靡。”此语凝聚了陆游丰富的生活经验，也是他熟读前人书籍，历览兴亡事得出的教训。一句话，千重意，陆游不仅是在谈治国，更是在劝诫后人如何做人。

以勤俭作为持家的一个准则，是我国由来已久的历史传统，有关勤俭的故事在古代典籍中比比皆是。春秋时期鲁国的正卿季文子虽出身于三世为相的家庭，自己也为官数十载，在鲁国，可以说处于一人之下万人之上的地位，但他异常俭朴，妻不衣帛，马不食粟，从不铺张浪费。一生力求节俭简朴的诸葛亮，在病危时曾立下遗嘱，要求死后把遗体安葬在汉中定军山，依山造坟，墓穴大小只能容纳下一口棺木。入殓时，只穿平时便服，不放任何陪葬品。北宋的大文豪苏东坡为自己立下“俭诫”，一直保持着节俭度日的作风。在饮食上，他给自己立下了一个规定：每顿饭只能一个菜，如有客人来，也只能增加两个菜，不能多。如果朋友请客吃饭，他也要事先告诉别人不许铺张，否则就拒绝前往。

对于“勤俭”二字，陆游一生身体力行，事事为子孙做表率，因为他深知一份家业的积累相当不易，它是由先辈多年的苦心磨砺辛勤努力而来的。想想他们当初创造一份家业的时候，少不了要顶风冒雨，克勤克俭，对此，怎能不感念他们的恩德，而认识到自身的责任更加重大呢？

在《家世旧闻》中，陆游记述了祖父陆佃俭约的品性：“楚公性俭约，尤不喜饮酒。每与弟子诸生语至夜分，不过啜绿豆粉山药汤一杯，或进桃奴丸一服而已。”

在《放翁家训》序中，陆游更是详细地记述了家族前辈在饮食起居上力行节俭的事迹：

楚公少时尤苦贫，革带敝，以绳续绝处。秦国夫人尝作新襦，积钱累月乃能就，一日覆羹污之，至泣涕不食。太尉与边夫人方寓宦舟，见妇至，喜甚，辄置酒，银器色黑如铁，果醢数种，酒三行而已。姑嫁石氏，归宁食有笼饼，亟起辞谢曰："昏耄不省是谁生日也。"左右或匿笑。楚公叹曰："吾家故时数日乃啜羹，岁时或生日乃食笼饼，若曹岂知耶？"是时楚公见贵显，顾以啜羹食饼为泰，愀然叹息如此。游生晚，所闻已略；然少于游者，又将不闻。而旧俗方已大坏。厌藜藿，慕膏粱，往往更以上世之事为讳，使不闻。此风放而不还，且有陷于危辱之地、沦于市井、降于皂隶者矣！

在这篇序文中，陆游简略地写了陆氏家世，又历叙其先人在饮食起居上乐于俭朴的事实：祖父陆佃年少贫苦，衣带断，以绳连接；秦国夫人做件新衣，也需要积钱累月，并因新衣被污而自责；曾祖父陆珪与边夫人以黑如铁的银器、简单的果酒招待媳妇；姑母回娘家团聚时，吃到笼饼，以为是家人生日。当时祖父正显贵，在朝为官四十余年，历任蔡州推官、国子监直讲、集贤校理、礼部侍郎、吏部尚书、尚书左丞等职，但未尝治家产，数日才吃一次肉羹，过年或生日才吃一次笼饼。陆游宣扬先辈的勤俭事迹，一是告诫子孙自家本来就不是膏粱富贵之家，本没有奢侈的资本，而且以俭为美；二是希望子孙能够记住祖先的创业维艰，传承其基业，延续其精神，保持陆氏家族节俭的传统，并指出了"天下之事，常成于困约，而败于奢靡"的道理。

历代官宦之家的盛衰之势也证明，家族子弟恃财傲物的人家会衰败。陆游明晓自古以来，许多钟鸣鼎食之家相继败落，都是因为子孙骄奢淫逸所致。所以陆氏一族虽已数世入仕为官，陆游却最担心子孙长处于富贵乡里，习惯过一种寄生虫似的生活，“有陷于危辱之地、沦于市井、降于皂隶”之虞，渐渐退化到不可救药的地步。

加之南宋统治阶级的昏庸腐朽及朝野酣嬉，“奢靡相尚”，那些原本应该成为世风表率的士大夫皆厌厌无气，整个社会沉溺在偏安的满足之中。对此，宋宁宗曾“以风俗侈靡，诏官民营建室屋一遵制度，务从简朴”，但根本推行不下去，最后连皇帝也无可奈何地承认：“风俗侈靡，日甚一日，服食器用，殊无区别，虽屡有约束，终未尽革。”

陆游对这种“以节约为耻，以贞廉为愚，既不副于上心，又重伤于家业。延及士庶，转相仿效，习以成风”的社会现状，大为不满，因而更加重视对子孙进行节俭教育。在家风传承过程中，最重要的是行胜于言。只有言必信，行必果，才能让家风真正地传承下去。他不仅要求弟子保持这种节俭的德行，自己也从未停歇将之付诸实践。

陆游晚年隐居在绍兴府的鉴湖旁边，“吾庐烟树间，正占湖一曲。远山何所似，发髻千髻绿”（陆游：《春晚怀故山》）。此处虽然风景秀丽，但耗用镇江通判任内的积蓄筑于乾道二年（1166）的居所已风雨三十七年，陈旧简陋，年久失修。嘉泰三年（1203），时已七十九岁高龄的陆游于五月初退官还乡，恰逢辛弃疾出任浙东安抚使兼绍兴知府。

辛弃疾对这位爱国志士仰慕至极，只是因为地理人事，始终未尝得见。如今前辈诗人陆放翁就在自己治下，辛弃疾心中的喜悦可想而知，一到绍兴，立即前往拜会这位诗才出众，影响、名望极高的主战派人物。虽然是初次相会，但两人却如旧相识。晚辈辛弃疾在诗文上的汹涌才情，在谈吐识见上的敏捷高妙，在爱国信念上的矢志北伐，都令陆游赞赏不已。两人一见如故，相处极为欢洽，成为投契的忘年交。一直到日暮时分，两位志趣相投的文坛豪杰才依依不舍地准备道别。临走时，辛弃疾见陆游的草庐居所过于简陋，心中暗自思量：鼎鼎大名的陆游，告老在家的生活怎么如此清贫呢？于是，辛弃疾关切地提出要为自己尊敬的先辈修造新房，以使其安享晚年。

陆游宦途受挫后，家境日现窘况："家贫短衣不掩骭，空庖凄凄灶不爨。老翁八十忍饥熟，兀坐空堂日常旰。今年闰余九月寒，那敢遽议南山炭。艰难幸复致一餐，铺啜灯前百忧散。"（陆游：《灯下晚餐示子遹》）可见其生活拮据的程度。他既没有王维的辋川别业，更没有范成大的石湖别墅。他只能依靠微薄的俸禄，再加上亲自躬耕，才能过上清贫的生活。生活虽然窘迫，甚至偶有衣食之忧，陆游还是婉言谢辞了辛弃疾的帮助。陆游《草堂》诗中云："幸有湖边旧草堂，敢烦地主筑林塘。"辛弃疾尊重其安贫乐道的达观人生态度，方始作罢。

陆游尚节俭的心态，在诗作中时有流露。他曾写过一首《对食戏作》诗，诗中说："香粳炊熟泰州红，苣甲莼丝放箸空。不为休官须惜费，从来简俭作家风。"这首诗描述了诗人看到饭桌上的粗米饭、莴苣叶、莼菜丝被全部吃光的真实心情。正如他在诗中所说，对饮食讲求"粗足"，力求清淡，无非是为了让自己保持和发扬简朴的精神，更希望子孙"饭白茶甘不觉贫"，以粗茶淡饭、布衣草履度日，恬淡无欲，尚守寒素家风。

到了晚年，陆游基本吃素，这样既能节俭，又可养生，可谓一举两得。“肉食养老人，古虽有是说。修身以待终，何至陷饕餮。晨烹山蔬美，午漱石泉洁。岂役七尺躯，事此肤寸舌。”在《杂感》诗中，他对过去流传的“肉食养老人”的说法大不以为然，而是乐意于“烹山蔬”“漱石泉”，强调修养身心，不贪食厚味，把吃清淡的素食当作养生妙法。

中国是一个注重吃的国度，千百年以来，生活在这片土地上的人们心甘情愿地把大量的精力倾注在饮食之事中，以求其乐。菜中味、酒中趣、茶中情，在语少意深的成语中展现得最为淋漓尽致，寥寥数语，常能适切而且精确地传达出睿智的中国人将饮食上升为一种思想、一种境界，乃至一种哲理，大到治国兴邦，小到修身齐家。一日三餐，虽为平常，在中国早已超越了维持生存的作用，而成为古今圣贤借以修身正己的重要途径。

孔子推崇“食无求饱”，认为一个人如果“饱食终日”，贪图口腹之欲的满足，就会耽于美食进而堕落丧志。陆游也主张“人生粗足耳，衣食不须宽”，其言外之意是告诉子孙：人不是为吃饭而活着，不是去追求吃饱、吃好，而是要追求人生的目标，去实现自己的人生价值。同样，穿衣也不要追求高标准，生活的物质条件可以简朴一些，而重要的是追求好学与人格的修炼，去行道。故陆游以不慕奢华、不图富贵为家风根本，对“节俭”二字始终不忘。

陆游在提倡节制饮食的同时，还反对追求厚味和美味，主张薄滋味：“上古教民食禽兽，不惟去民害，亦是五谷未如今之多，故以补粒食所不及耳。若穷口腹之欲，每食必丹刀几，残余之物，犹足饱数人，方盛暑时，未及下箸，多已臭腐，吾甚伤之。今欲除羊彘鸡鹅之类，人畜以食者，姑以供庖，其余川泳云飞之物，一切禁断，庶几少安吾心。凡饮食，但当取饱，若稍令精洁以奉宾燕，犹之可也。彼多珍异夸眩世俗者，此童心儿态，切不可为其所移，戒之戒之。”（《陆放翁家训》）

从中不难看出，陆游推崇《老子》“少私寡欲”的节俭原则：“五色令人目盲，五音令人耳聋，五味令人口爽，驰骋畋猎令人心发狂，难得之货令人行妨。”（《道德经》第十三章）陶醉于五彩纷繁会使人眼花缭乱，沉溺于五音嘈杂会使人听觉不灵，贪婪于五味俱全会使人口味损伤，放纵于奔走打猎会使人心神疯狂，眼红于难得的稀世之物会使人行为败坏，因此，凡夫常常身为物累，心为物役，沉溺于声色滋味等感官享受之中，导致名利心生，好恶心生，是非心生，色欲心生。这正是陆游倡导子孙只求食饱腹、衣暖身的简朴生活的缘由之所在。

陆游将俭素作为家法家训，训条也相当严明，既这样要求自己，也用行动去影响子孙。对自己的身后事，陆游力主节俭，对自己的身后事做了考虑和安排，明确提出实行薄葬：“吾居贫，不喜为人言，故知者少。今启手足之后，乃至不能办棺殓，度不免以累亲故，然当痛节所费，但获入土则已矣，更不可借口干人，以资他用。”（《陆放翁家训》）

陆游立简葬之规，此举在盛行厚葬的宋代实属难得。文献资料表明，宋代丧事大操大办、奢侈浪费的现象十分严重，民间的厚葬现象屡见记载。如汴京“凡百吉凶之家，人皆盈门”（《东京梦华录·民俗》），如“长安人物繁，习俗侈，丧葬陈拽寓象，其表以绫绡金银者曰大脱空，褚外而设色者曰小脱空”（《清异录·丧葬》）。

宋代的儒家士大夫，也多奉行传统的“事亡如事存”的丧葬观念，把丧葬当作人生中极为重要的一件大事，认为“孝莫重乎丧”，一个人是否孝顺，关键看他对待亲人的葬礼，给死去亲人送葬是人生头等大事。如范质《原孝》云：“立身之谓道，本道之谓孝。上至天子，下至于庶人，未有不由而立也。呜呼，为孝之道是因乎心者焉！孝有小大，性有能否，君子小人，亦各存其分也。圣人之教，布在方策。不敢毁伤，存其始也；立身行道，要其终也。”

历史上，破费资财以奢华厚葬的事例不在少数。就连“衣不求华，食不厌疏”的王安石也因应付“婚嫁葬送之窘”，多次要求朝廷外任，为的是多得一点俸银，以应丧事所用。陆游却与一般儒家士大夫不同，对这一风气极为反感，不愿意让这奢侈之风将陆氏子孙的人心变坏，认为“厚葬于存殁无益，古今达人，言之已详”。这样批评厚葬之风，不如用自己的行为为子孙做表率。于是陆游教诫其子不仅要依据他家“贫甚”的现状，谨守父命，丧葬从俭，“痛节所费，但获入土则已”，而且不要为人言所惑，以至于借钱称贷而办丧事。他反对佛事的浪费，又知道不能不从风俗，恐将后人陷于不孝之地，于是说“吾死之后，汝等必不能都不从俗，遇当斋日，但请一二有行业僧诵《金刚》《法华》数卷，或《华严》一卷，不啻足矣”（《陆放翁家训》），切不可“侈于道场斋施之事”。陆游事无巨细地交代着自己的后事，他这么做就是为了避免自己死后，子孙们大肆浪费财物为其操持后事，劳力伤财。

“俭则足用，俭则寡求，俭则可以成家，俭则可以立身。”（《古今图书集成·家范典》）俭朴的德行不仅有助于防患未然，防止奢靡怠惰结苦果，在面临危难或物质匮乏的时候还有助于克服危难，是保家保身之善谋。陆氏家族至陆游时，显贵不衰，家中子弟，生长富贵，本不知艰难，“厌黎藿，慕膏粱”，对先人的节俭讳莫如深，更易滋长骄奢之风，这不能不使陆游深感忧虑。

古往今来，多少人掉入了“奢靡”这张罗网中，奋力挣扎，却越挣越紧，最后死在网中。商朝殷纣王是有名的暴君，他刚刚即位不久，就命人制象牙筷子。他的叔父箕子听到这件事后，进谏说：“象牙筷子不能配瓦器，要配犀角之碗、白玉之杯。玉杯不能盛野菜粗粮，只能盛山珍海味。吃了山珍海味就不肯再穿粗葛短衣、住茅草陋屋，而要衣锦绣、乘华车、住高楼。”纣王听后不以为然，箕子见劝谏无效便带着族人奔辽东去了。后来，事情的发展和箕子说的没什么两样，纣王荒淫无度，以酒为池，悬肉为林，鹿台炮烙，终于激起国人的怒火，因奢亡国。

对于名利的过分追捧，终将让人们失去自我。因此，陆游除了以节俭养德来砥砺子弟，同时还以安贫乐道的思想对其进行熏陶。陆游在《复窃祠禄示儿子》中说：“得饱不啻足，闭门还读书。翁犹羹不糁，儿固食无鱼。衮绣曷加我，箪瓢常晏如。人生随所遇，勿替此心初。”只要内心平静，哪怕是居茅屋、饭疏食，都能安稳自得，充实而满足。

儒家认为，君子应当“忧道不忧贫”，衣食住行只要能满足生命的起码要求即可，“君子食无求饱，居无求安”，就如“居陋巷，一箪食，一瓢饮，人不堪其忧，回也不改其乐”，这样“孔颜乐处”的精神快乐才是人间至乐，才是应当追求的，此外别无所求。

对颜回“安贫乐道”行为的推崇，实际上也体现了陆游对待物质生活和精神生活的态度，强调追求精神的快乐，而不要过分追求物质的享乐，“饭疏食饮水，曲肱而枕之，乐亦在其中矣”。

“夜寒每达旦，怀抱安得宽。朝饥或过午，忍此良亦难。饥寒诚吾忧，忧有甚饥寒。弹琴不终曲，推去发永叹。大儿破绿襦，三岁待一官。小儿学耕稼，饭牛歌夜阑。老翁垂八十，扪壁行蹣跚。傍观勿嘲笑，穷死心所安。”（陆游：《饥寒吟》）在陆游看来，懂得安贫乐道、随遇而安，才能固守清贫，以平常心面对生活中的不如意，不为世事所牵绊。人生在世，常常有不如意的事，也许有“夜寒每达旦”“朝饥或过午”的困境，乐亦在其中。

“蜗舍鹑衣老可哀，衰颜时为汝曹开。朱门莫羡煮羊脚，粝食且安羹芋魁。家塾读书须十纸，山园上树莫千回。但令学业无中绝，秀出安知有后来。”（陆游：《示诸孙》）陆游居“蜗舍”、穿“鹑衣”、食“粝食”、饮“芋魁羹”，或许在外人看来他是贫穷的，但他却感到充实而富有，其心不为清贫所累，反而教育诸孙不要羡慕朱门“煮羊脚”的豪奢生活，盼望孙辈和自己一样安于俭朴，乐于清贫，有志于学，保持操守和气节，将来为国为民出力。

陆游反复以义方训子，劝诫后代以俭养德，目的就是让子孙生活得更好。然而陆游一生辛苦劳作，却没有留给后人丰厚的物质财富，供其衣食无忧地生活。这是为什么呢？司马光的一段话，也许能让我们窥探陆游深谋远虑的教子之道：“今之为后世谋者，不过广营生计以遗之：田畴连阡陌，邸肆跨坊曲，粟麦盈囷仓，金帛充箧笥，慊慊然求之犹未足，施施然自以为子子孙孙累世用之莫能尽也。然不知以义方训其子，以礼法齐其家，自于十数年中，勤身苦体以聚之，而子孙以时岁之间，奢靡游荡以散之，反笑其祖考之愚，不知自娱；又怨其吝啬无恩于我，而厉之也。始则欺绐攘窃以充其欲；不足则立券举债于人，以俟其死而偿之。观其意，惟患其祖考之寿也。甚者，至于有疾不疗，阴行鸩毒，亦有之矣。然则向之所以利后世者，适足以长子孙之恶而为身祸也。”（《治世龟鉴·为政》）

在司马光看来，那些积累钱财留给子孙的人，已经有田地连成片，店铺跨街坊，粮食装满仓，金银绸布堆满箱，这么丰足了还嫌不够，还是一味地谋求财产以遗留给子孙，自认为这样子孙可以世代富有，其结果是事与愿违，看似爱之，实则害之。因为这样做会养成子孙骄奢淫逸的恶习，自己一辈子辛苦积聚资财，没多久就被子孙们挥霍一空，子孙们反过来还讥笑祖辈、父辈愚蠢，不知道自己享受，又埋怨他们吝啬，对自己太严厉。他们开始是用欺骗、偷窃的办法获得钱财以满足自己的欲望，满足不了时，就立下字据向别人借贷钱物，等待祖辈、父辈死后再偿还债主。看他们的样子，是唯恐祖辈、父辈长寿。更甚者，乃至长辈有病也不给医治，暗中下毒的事情也常发生。所以说，一个家族或家庭如果穷奢极欲，必定不能长久，而且社会上的这种情况也是大量存在的。与其将钱财留于子孙，还不如“以义方训其子，以礼法齐其家”，只有如此才能常保子孙衣食无忧。

陆游留给子女的不是资财，而是胜过资财的更美好的东西——“俭”德。为何遗子孙以“俭”德？在《放翁家训》中陆游语重心长地做了解释：“若夫挠节以求贵，市道以营利，吾家之所深耻，子孙戒之，无坠厥初！”外在的名利、优厚的物质虽然会在一定程度上提升人们的生活品质，但有时候也会遮蔽人们的本心，让人疏于对内心的观照。有时过重的名利心会使人过分计较眼前得失，而伤天害理。因此，只有守住内心的宁静，坦然地对待世上的一切物质诱惑，才能不为名利所累、不为物欲所惑，才能坚守人格的追求。意在告诫后代安于清贫，正直为人，千万不能做贪图享受、追逐名利和奢侈浪费等有辱门庭之事，更不能毁了陆氏“廉直忠孝”的家风，以保持陆氏的家业长盛不衰。

第三节　遥遥桑苎家风在

“开门七件事：柴、米、油、盐、酱、醋、茶”，这句俗语道出了茶与中国人的不解之缘。

中国是茶的故乡，茶的栽培和饮用为古代中国人所首创。自神农尝百草始知有茶以来，绵绵已有数千年的历史。至宋代，茶的种植趋于规模和产业化，制茶技术不断创新，品饮方式日臻讲究，且饮茶之风已经普及到平民百姓。王安石曾说：“夫茶之为民用，等于米盐，不可一日以无。”（王安石：《论茶法》）这说明当时饮茶的普遍性及与人们日常生活的密切联系，茶已经渗透到日常生活的每一个角落，成为居家必备之物，饮茶也成为一种深植于民间的生活习俗。

历代帝王将相、文人墨客、平民百姓中，都不乏对茶情有所钟之人。“竹雨松风梧月，茶烟琴韵书声。”他们在以茶会友或是静品孤独之间，或歌茶颂茶，或饮茶用茶，甚至躬亲茶事，在茶中体会人生真趣。

茶是天地间的灵物，它包含了大自然中洁净美好的品性，虽没有酒的浓烈与醇厚，但有着茶的清冽与高洁，故文人雅士多视茶为清友，独愿“竹里延清友，迎风坐夕阳”。陆游对茶一生怀有深情，自言“六十年间万首诗”，而其中涉及茶事的诗作有三百二十多首，所写茶诗之多为历代诗人之冠。

出生于名茶产区的陆游，与茶有着一种与生俱来的亲近感。唐宋之际，会稽山区出产的日铸茶在宋代已经名冠两浙，备受赞赏。日铸是当地的一座山名，也写作日注，是春秋时期越王的铸剑之地，有泉甘美。欧阳修在《归田录》中评价此地所产之茶“腊茶出于剑、建，草茶盛于两浙”，“两浙之品，日注为第一”；范仲淹曾用清白泉水，同时烹点建溪茶、日铸茶、卧龙茶、云门茶，相比之下，日铸茶“甘液华滋，悦人襟灵”，当为第一；陆游赞日铸茶“只应碧缶苍鹰爪，可压红囊白雪芽。囊中日铸传天下，不是名泉不合尝”。“唐宋八大家”和南宋大诗人都倾情吟咏日铸茶，实为我国茶文化史上所罕见。

山阴出好茶。陆游自小便在茶中浸渍，长大后，家乡的日铸茶随其周游四方。进闽，赴赣，入蜀，无论走到哪里，陆游都要访茶访泉，品茶鉴泉，考察茶事。

乾道六年（1170），陆游游宜昌三游洞，发现从三游洞沿陡危的小道依栏下行百余步，便见半山腰悬崖下有一座半壁亭，亭中有一方形小石潭，潭边岩壁间涌出一股清泉。此水清冽甘美，陆游遂取出随身携带的不见好水不轻易饮用的产于浙江会稽日铸岭的茶叶，用仆僮随身携带的茶灶，汲泉烹茶，馥郁的茶香瞬间弥漫在空气中。他轻嗅茶香浅啜一口，舌尖微甜，一股茶香慢慢地从鼻端沁到咽喉，顿觉止渴爽口，即兴赋诗书于石壁上："汲取满瓶牛乳白，分流触石珮声长。囊中日铸传天下，不是名泉不合尝。"（陆游：《三游洞前岩下小潭水甚奇取以煎茶》）从此，天下有了一处以陆游名字命名的名泉。

对故园茶事，陆游也有着深刻的记忆。早在宋代，绍兴境内平水、兰亭等地已有固定的茶叶交易市场，茶肆、茶事甚盛。他在《湖上作》一诗中写道："兰亭之北是茶市，柯桥以西多橹声。"又在《兰亭道上》一诗中写道："陌上行歌日正长，吴蚕捉绩麦登场。兰亭酒美逢人醉，花坞茶新满市香。"

陆游平生所居，山阴之外，以在蜀时间最长。在我国茶的最早产区——巴蜀，陆游遍访名茶，留下了诸多蜀茶记忆。"雪芽近自峨嵋得，不减红囊顾渚春。"（陆游：《煮茶》）峨眉山地区终年云雾缭绕，翠竹茂密，茶竹间生，十分适宜茶树生长。《华阳国志·蜀志》记载："峨山多药草，茶尤好，异于天下。"早在唐代，峨眉山所产的峨眉雪芽就被列为贡茶。陆游在蜀中任职期间，曾忙里偷闲，与好友何元立、蔡肩吾相聚于幽静的东丁院，在清凉的树荫下，用东丁泉水煎饮峨眉雪芽茶，细品佳茗，雪芽茶的滋味不逊色于装在红绢袋里的贡茶顾渚紫笋；与知己吟诗论文、啜茗清谈，宛然有卧治之妙。陆游爱峨眉雪芽，更感念那茶香一般的友情。

宋代也流行喝香茶，只要是具有芳香的花，就可以以花入茶。赵希鹄所撰的《调燮类篇》记载："木樨、茉莉、玫瑰、蔷薇、兰蕙、菊之花、栀子、梅花、木香，皆可作茶。诸花开时，摘其半含半放之香气全者，量茶艺多少，摘花为茶。”陆游颇为欣赏产于四川农家的土茶，曾说：“何时一饱与子同，更煎土茗浮甘菊。”（陆游：《冬夜与溥庵主说川食戏作》）

作为嗜茶之人，陆游是幸运的，因为曾出仕福州，调任镇江，又入蜀、赴赣，辗转各地，使他得以有机会接触众多茶事，遍尝各地名茶。陆游曾经两任茶官，淳熙五年（1178）到七年（1180），陆游相继出任提举福建常平茶监公事和提举江南西路常平茶盐公事。无论是福建还是江南西路，都是产茶区。尤其是在以茶而天下闻名的福建，陆游品尝到福建隆兴的壑源春和福建贡茶建溪茶，以“遥想解酲须底物，隆兴第一壑源春”（陆游：《谢王彦光提刑见访并送茶》）和“建溪官茶天下绝，香味欲全须小雪”（陆游：《建安雪》）的诗句予以赞美。

陆游的晚年也是与茶相伴度过的。淳熙十三年（1186），陆游在家乡山阴闲居五年之后，又被起用为严州知事。赴任前他先到京城临安，住在客栈里等待皇帝召见，皇帝却迟迟不见他。闲来无事，何以打发时日？就倚着小雨初霁的“晴窗”，戏戏清茗吧。“矮纸斜行闲作草，晴窗细乳戏分茶”（陆游：《临安春雨初霁》），这里所说的“分茶”不是寻常的品茗，也不同于斗茶、茗战，而是在斗茶基础上演变形成的一种独特的烹茶游艺，也称“茶百戏”。

分茶手运用团饼茶末，以沸水冲点搅动，使茶乳变幻出各种花鸟虫鱼的图纹，甚至能在茶汤表面用水纹和茶末幻显出各种图案，故而也有“水丹青”之说。分茶作为两宋时期点茶技术的艺术化表达，是有其专门的审美标准的：一看茶面汤花的色泽与均匀程度。汤花面要求色泽鲜白，俗称

"冷面粥"，像白米粥冷却后凝结成块的形状；汤花必须均匀，又称"粥面粟纹"，要像粟米粒那样匀称。二看茶盏内沿与汤花相接处有无水痕。汤花保持时间长、紧贴盏沿而散退的叫"咬盏"；汤花如若散退，盏沿会有水的痕迹，叫"云脚乱"，先出水痕即为失败。三品茶汤。观色、闻香、品味，色、香、味俱佳方可取胜。宋人对茶色要求极高，以纯白为上等，而青白、黄白、灰白就大为逊色。

陆游在建州也曾认真地学过分茶之艺，其技巧也达到了一定水准。归隐家乡后，陆游更是以品茶吟诗打发时光，"归来何事添幽致，小灶灯前自煮茶"（陆游：《自法云归》），享受亲手烹茶的乐趣和雅兴。

与一般咏赞茶事之作不同的是，陆游除了赞美茶功、赞誉名茶、取乐分茶，另有与众不同之处，那就是多次在诗中提到秉持的"桑苎家风"的意愿。

"桑苎"两字是指种植的桑树与苎麻，泛指农桑之事。如唐代的杜牧《唐故汀西观察使武阳公韦公遗爱碑》中就有"凿六百陂塘，灌田一万顷，益劝桑苎机织"这样的句子，意思是开挖六百顷的池塘，浇灌一万顷的农田，鼓励种桑苎来织布，大体上就是鼓励农耕。

桑苎之词连而用之，有了隐居田园之意，而且与茶相关，大抵是因为"茶圣"陆羽的别号是"桑苎翁"。

"桑苎翁"之称因何而得，不甚清楚，最早记录陆羽行状的有李肇《唐国史补》："羽于江湖称竟陵子，于南越称桑苎翁。"欧阳勋等有关专家、学者考证，唐上元元年（760）陆羽南避胡尘，游抵余杭，初隐苎山，自称"桑苎翁"，著《茶经》。苎山的位置，据径山俞清源先生踏勘发现，余杭镇向西北700米的仙宅村有苎山，其地是一大片桑园，山麓遗存有刻有“苎山桥”的石拱桥古迹。按照陆羽的习惯，他往往“因地”而自起名号：因出生于复州竟陵，所以自称“竟陵子”；在东冈村不到一年而自号“东冈子”。那么在当年或许已有桑园的苎山小住而自号“桑苎翁”。后代的文人们常以桑苎指陆羽，如李昴英《满江红》：“却坐间著得，煮茶桑苎。”张炎《风入松·酌惠山泉》：“当时桑苎今何在，想松风、吹断茶烟。”

一生嗜茶的陆游，将“茶圣”陆羽“桑苎翁”的雅号移来借用，常自名为“桑苎翁”“老桑苎”。陆游在《自咏》中说：“曾著《杞菊赋》，自名桑苎翁。”又在《安国院煎茶》中说：“我是江南桑苎家，汲泉闲品故园茶。”还在《同何元立、蔡肩吾至东丁院汲泉煮茶》中道：“身是江南老桑苎，诸君小住共茶杯。”他甚至将自己比作陆羽转世，在《戏书燕几》中说：“水品茶经常在手，前身疑是竟陵翁。”

陆游恰好与陆羽同姓，故其同僚周必大赠诗云：“暮年桑苎毁《茶经》，应为征行不到闽。今有云孙持使节，好因贡焙祀茶神。”（周必大：《送陆务观赴七闽提举常平茶事》）戏称他是陆羽的“云孙”，即第九代孙。

陆羽精于茶道，以编著世界第一部茶叶专著《茶经》闻名。据其自传云不知所生，三岁时被遗弃野外。一日，龙盖寺僧智积出门途经河堤，听见草丛中有一个婴儿在哭泣。智积禅师俯身从草丛中抱起婴儿，不禁口念佛经。见周围没有人出现，他动了恻隐之心，将婴儿抱回龙盖寺中抚养。这名男婴没有姓氏，这可怎么办？智积禅师翻阅了《易经》，从占卜“渐卦”中得到一个“渐”字，其卦辞有“鸿渐于陆，其羽可用为仪”等语，于是就为男婴取“陆”为姓，以“羽”为名，用“鸿渐”作字。成年后的陆羽也常常以自己的名字为傲，因为卦辞的意思是：鸿雁翱翔于天空，四方都是没有阻隔的自由天地，雁阵整齐有序，可供效法。

历史学家范文澜在《中国通史简编》里说：“僧徒生活是最闲适的，斗茶品茗，各显新奇。”传说智积禅师也是一个喜爱烹茶、饮茶的茶人，在他的熏陶下，陆羽自幼为智积煮茶，与茶结下了不解之缘。在智积的点拨提调之下，陆羽不仅对茶事萌生了极大的兴趣，积累了许多茶事经验和知识，而且练出了一手烹茶的高超本领。北宋画家董逌在《陆羽点茶图跋》中讲述了陆羽与他的恩人和恩师智积之间这样一段故事：陆羽幼年在龙盖寺时要为智积师父煮茶，煮的茶非常好，如饮仙浆，香气透腑，以至于陆羽离开龙盖寺后，智积不再喝别人为他煮的茶，因为别人煮的茶都没有陆羽煮的茶合乎智积的口味。这段故事未必有几分是真，但足见陆羽煎茶的功夫之独到。

陆羽离奇的身世，留给了后人一个解不开的谜，至今仍无定论。陆游肯定不是弃婴陆羽的后裔。尽管如此，陆游仍对这位同姓“茶圣”颇为推重，他在《村舍杂书》中说：“我本杞菊家，桑苎亦吾宗。”视陆羽为祖上贤人。陆游敬慕陆羽，不但是因为陆羽一生精研茶、水，曲辨其微，注重烹调条件和方法，技艺高超精湛，更是推崇其追求清灵、淡泊的雅趣。

“不羡黄金罍，不羡白玉杯。不羡朝入省，不羡暮入台。千羡万羡西江水，曾向竟陵城下来。”这首《六羡茶歌》是《全唐诗》中仅存的一首

“茶圣”陆羽的诗。《新唐书·隐逸传》中说：“诏拜羽太子文学，徙太常寺太祝，不就职。”陆羽无心功名仕途，却致力茶学研究。陆羽曾四处出游考察茶事，逢山驻马采茶，遇泉下鞍品水，近至荆襄，远至巴山，万里跋涉，踏访了彭州、绵州、蜀州、邛州、雅州等十数州郡。他一路上一边看一边体察，一边访问那些以茶事为生的老农，并将这些第一手资料详细具体地记录下来。“千峰待逋客，春茗复丛生。采摘知深处，烟霞羡独行。幽期山寺远，野饭石泉清。寂寂燃灯夜，相思一磬声。”皇甫曾在《送陆鸿渐山人采茶回》一诗中记述了陆羽忙于风餐露宿、翻山越岭采茶的情形。安史之乱后，陆羽流落湖州，后隐居风景秀丽的苕溪，开始闭门著述。

陆羽不慕名利，心境清逸，陆游因自己与他同为“陆”姓而引以为豪，常以“桑苎家”“老桑苎”“竟陵翁”自况，期求自己承袭“茶圣”陆羽的恬淡志趣。置身茶乡的陆游在晚年写下《八十三吟》：“石帆山下白头人，八十三回见草春。自爱安闲忘寂寞，天将强健报清贫。枯桐已爨宁求识？弊帚当捐却自珍。桑苎家风君勿笑，它年犹得作茶神。”以表达自己在汲泉品茗之中，暂时忘却不为世用的痛苦，以度过寂寞清贫日子的愿望。

“茶圣”陆羽是个弃儿，不知姓氏，而且他终身未娶，自然也就没有后代。但是历代陆姓爱茶人都愿奉陆羽为祖，这是一种精神上的皈依，是同姓同道的后辈对前辈的尊敬。南宋诗人陆游也常以陆羽后身自称，也崇敬有“不重虚华，崇尚俭朴”之德的吴郡陆氏二十五世祖陆纳。

史书上说陆纳是“少有清操，贞厉绝俗”，是个严肃正派的慎独之人。一路做官上去，人们对他的态度用一个词形容——“雅敬重之”。晋《中兴书》中记载了“陆纳尚茶”的故事：“陆纳为吴兴太守时，卫将军谢安尝欲诣纳，纳兄子俶怪纳无所备，不敢问之，乃私蓄十数人馔。安既至，所设唯茶果而已，俶遂陈盛馔，珍羞毕具。及安去，纳杖俶四十，云：‘汝既不能光益叔父，奈何秽吾素业。’”从字义上讲，素的意思是没有染色的丝，指事物本有的、本然的、本来的属性，即事物的本性。只有保持人性的素，才会“少私寡欲”，也就是能够减少对自我的私利的欲求。因此，陆纳推崇朴素自然的道德，“俭”之为“德”，其指归在于持守自然之道。

陆纳任职吴兴太守期间，与赫赫有名的卫将军谢安交好。一日，谢安要去陆纳家拜访，陆纳仅置清茶果品而已。可是，陆纳的侄儿陆俶见他什么都没准备，觉得叔父怠慢了贵客，就自作聪明备下酒席。谢安到来，陆纳并不大肆铺张盛席相待，照例只是清茶一杯，辅以鲜果而已。陆俶突然私自摆上数十桌酒肉佳肴，山珍海味，好不诱人。谢安走后，陆纳不但没有感谢侄子对谢安盛情款待，反而大发雷霆，严厉责问道：“你既不能给叔父争光，为什么还玷污我以茶代酒的朴素门风呢？”一面大骂，一面找了根杖来，声色俱厉地处罚了侄子，打了他四十棍，以示惩戒。

朋友之间聚会于精室，促膝而谈，也不过清茶一杯。清茶待客，也不一定就是清贫，相交之道在乎相知，在乎诚恳。陆纳仅用清茶、茶果待客，并非吝啬，也不是清高简便，而是在实践清操节俭。魏晋南北朝时期，门阀制度盛行，不仅帝王、贵族聚敛成风，一般官吏乃至士人也皆以夸豪斗富为美，多效膏粱厚味。奢靡之风，一度甚嚣尘上。

茶不只是润喉解渴之物，不只代表了香飘四溢的品饮享受，古人还赋予了它丰富的文化内涵。茶品承甘露之芳泽、蕴天地之精气，正如韦应物在《喜园中茶生》中所云：“洁性不可污，为饮涤尘烦。此物信灵味，本自出山原。”即使在纷乱喧嚣的世俗世界中，茶仍能保持其纯洁不污的品性，这与士人脱逸、超然的情趣相符合，淡泊、清灵的心态相一致。茶与东晋士族中有识之士倡导的“素业”精神上相通，成了这些人励志清白、用以纠正社会的不良风气的尚好之物。一时之间，茶以其淡泊、高洁之品，也成为节俭作风的象征，于是在当时出现了陆纳以茶待客、桓温以茶代酒、南齐世祖萧赜以茶祭奠等事例。

陆羽在《茶经》里开篇说：“茶之为用，味至寒，为饮，最宜精行俭德之人。”“精行俭德”是陆羽对饮茶人道德修养的基本要求，也可以说是他衡量茶人思想、品德、行为、信念等的标准。俭是约束，尤其是自我约束，位居将相，富有金银，身处喧嚣，仍可以节俭自肃。

茶之道，在一“清”字，一杯清茗让人心静、清志、明理，陆羽、陆纳有许多共同之处，如勤俭自持、鄙弃浮华、恬淡生涯、崇茶事茶、品茶赋诗、广结茶友的高洁情怀和幽人雅士的德操，陆游将这些共性称为“桑苎家风”。

功名利禄来来往往，炎凉荣辱沉沉浮浮。一分淡泊，得一分宁静，深入细致品茶如同品味漫漫人生。对陆游来说，“闲话更端茶灶熟，清诗分韵地炉红”（陆游：《雪意》）。读书品茗是美事一桩，品茶不仅是对色、香、味、形的鉴赏，同时也是一种心灵的感受。自煎自饮，轻啜慢品，是一种对充满诗情画意的精神境界的追求，是一种超然幽雅的生活态度，也是一种精神上的寄托。“至于渔舟樵径，茶碗炉熏，或雨或晴，一草一木，莫不著为歌咏，以寄其意。”（《唐床诗醇》卷四十二》）品茶之味，悟茶之道，和、静、清、寂也好，谦、诚、虚、宁也罢，陆游希望缕缕茶香如一种无形的力量，源源不断地注入吴郡陆氏子孙的生命中。

第四节　勿与浮薄者游处

中国人奉行的“智”德，绝不是小聪明，而是大智慧。这大智慧却时常表现为“愚”，即所谓“大智若愚”。中国人既讲求“难得糊涂”，也追求“世事洞明”，这些看似相悖的处世方式，却都是“智”的表现形式。而在与人交往的层面上，“智”则表现为“知人”。因为人的多样和复杂，知人识人并不容易，如何知人识人，陆游自有精妙的论断。

陆游曾说过：“相马失之瘦，知人良独难。”意思是观看评说马时，往往因为马瘦而看不出瘦马中尽有良驷，知物难，知人更难。这里陆游化用了司马迁的话语，来说明识人之难。在司马迁所作的《史记·滑稽列传》中有一个故事，说的是汉武帝时，有个东郭先生在京城候补官员，结果等了很久也没有得到一官半职，穷得衣食无着。数九寒天，他不仅没有棉衣穿，而且穿的鞋有帮无底，近乎是赤脚走路。人们看见了，都嘲笑东郭先生。东郭先生却毫不介意，他自我解嘲说：“谁能履行雪中，令人视云：其上履也；其履下处，乃以人足者乎？”后来东郭先生接到了诏书，被任命为二千石的官职。当他从皇宫佩着紫青色的印绶，告辞官署的负责人，离开京城去赴任时，跟东郭先生住在一起候差事的人，都排列成行，送他到城门外。东郭先生贫困时，人们看不起他；及其富贵，人们又争着与他高攀。正如古语所说：“相马失之瘦，相士失之贫。”意思是，人们往往由于看到好马比较瘦，而看不起它；人才因贫而被人看错。这世上的势利眼是看不起贫困的士人的，然而人是否有才，不在于贵贱，所以，如果因人贫困而看不起他、怠慢他，也就容易把人看错了。

陆游用此语以启示子孙相人相物均应注重其内在的本质特征，只看外表，难免会有闪失。对人不仅要观其外表，也要看其品质，只有这样才能识准人。

对人品的考察，是陆游知人的依据，也是他交友的原则。先师孔子提出了“益者三友，损者三友”的辨友原则：“益者三友，损者三友。友直，友谅，友多闻，益矣。友便辟，友善柔，友便佞，损矣。”（《论语·季氏》）意思是，有三种有益的朋友，有三种有害的朋友。同正直的人交朋友，同诚实的人交朋友，同见多识广的人交朋友，是有益的。同阿谀奉承的人交朋友，同惯于花言巧语的人交朋友，这是有害的。“取友善人，是德之基也。”因此，交友要结交英才和忠厚有德之士，亲近可以辅助自己提升道德品行的益友，远离有损德行的损友。

陆游与同为“中兴四大诗人”的杨万里有着“君子之交”。杨万里的诗歌成就历来为人们所关注，对此历代评论家多有论述，而且见仁见智，甚至有评论家观点相左，针锋相对，差异很大。按照中国传统看法“诗品出于人品”，品诗首先须评人。尽管明清以来对杨万里的诗的品评存在较大的差异，但对他的人品却有基本一致的定论：刚直清正，始终一节；以道德风操照映一世，模范后代。杨万里首先是一位爱国者，他所处的时代环境及他的修业进德，都培养着他的爱国思想。在早年，他就受到了张浚、胡铨等先辈的爱国教育和影响。张浚曾以“正心诚意”勉励他，他终身奉行之，“诚斋”的号也由此而来。正心诚意而爱国忧民，成了诚斋一生进退出处、立身行事始终恪守的原则。所谓“诗言志”是指诗应当抒写人的情志，应当是人心灵世界的外在表现。我们可以通过读杨万里的诗，对他的人品推知一二。

“平生四方志，八极视若无。西飞折若木，东厉骑鲸鱼。”（杨万里：《岁暮皈自城中，一病垂死，病起遣闷四首》）杨万里与陆游、与当时千千万万的爱国青年一样，胸怀“扫胡尘”、“靖国耻”、收复中原、统一祖国的宏愿大志。杨万里不但爱国，而且忧民。“大矶愁似小矶愁，篙稍宽时船即流。撑得篙头都是血，一矶又复在前头。”（杨万里：《过晁济庙前石矶竹枝词二首》）他看到船夫与激流礁石搏斗，不免关心其疾苦，同情其遭遇。“催科不拙亦安出，吾民沥髓不濡骨。”（杨万里：《晚立普明寺门，时已过立春，去除夕三日耳》）他尖锐地指出农民的苦难根源在于朝廷的横征暴敛。杨万里深谙人民的惨重苦难，多次提醒光宗要轻赋薄敛，节约用度。杨万里身体力行，廉洁自律，不扰民，不贪财。他一生视仕宦为敝屣，两袖清风，传载他满江东任，万缗禄钱弃于官库，不取而归。

陆游也有“又若杨诚斋，清介世莫比”之语，可见陆游对杨万里的才学及人品的高度认同。

朋友之间的诗词唱和、书信往来比奏疏之类的官样文章少一些官腔假调，多几分真心话，从中更可以看出一个人的真切情感。“嘤其鸣矣，求其友声。”能和志同道合的朋友一块儿切磋学问，自是喜不自禁。淳熙十三年（1186）的再次相逢，陆游已是六十二岁的老人，诚斋也是年届花甲，两人都已年过半百，来日苦短，更加珍惜和老友的重逢。在杨万里的《云龙歌调陆务观》中表示两人的相见不易及牵肠挂肚的思念：“墨池扬子云，云间陆士龙。天憎二子巧言语，只遣相别无相逢。长安市上忽再值，向来一别三千岁。王母桃花落几番？北斗柄烂银河干。双鬓成丝丝似雪，两翁对面面如丹。借问别来各何向？渭水东流我西上。金印斗大直几钱？锦囊山齐今几篇？诗家不愁吟不彻，只愁天地无风月。君不见汉家平津侯，东阁冠盖如云浮；又不见当时大将军，公卿雅拜如星奔。祇今云散星亦散，也无鹿登台榭羊登坟。何时与君上庐阜，都将砚水供瀑布；磨镰更斫扶桑树，捣皮作纸裁烟雾，云锦天机织诗句。孤山海棠今已开，上巳未有游人来，与君火急到一回。一杯一杯复一杯，管他玉山颓不颓！诗名于我何有哉！”睽违已逾三十载，当年翩翩少年郎，转眼今日个个白头翁，直教人唏嘘不已，直教人感慨连连！

根据学者彭庭松归纳考实，杨万里与陆游文字交往较晚。淳熙十三年，诚斋京城为官，陆游赴任严州前，于京城小住，两人唱和，作品最多。淳熙十五年（1188），诚斋补外，路出严州，陆游以东道主身份相迎钓台。次年内召，诚斋除秘书监，陆游亦除礼部郎中兼实录院检讨官，二人复有唱酬。是年十一月，陆游罢归乡里，自此一别，未曾相见。

相隔经年，老朋友已是多年未见，却仍然志趣相投、心灵相通。陆游带着对祖国命运的无穷忧虑，怀着国土未复的怨恨，离开了人世。好友杨万里也是忘身殉国，赍志九泉。南宋时局有变，家人恐伤其心，凡事皆不告之。一日，出外回家的族侄杨士元来访，谈到朝廷权相韩侂胄用兵事，诚斋失声恸哭，谓："奸臣妄作，一至于此！"流涕长太息者久之。是夕不寐，次朝不食。兀坐斋房，取春膏纸一幅，手书八十有四言，其词曰："吾年八秩，吾官三品，吾爵通侯，子孙满前，吾复何憾！老而不死，恶况难堪。韩侂胄奸臣，专权无上，动兵残民，狼子野心，谋危社稷。吾头颅如许，报国无路，惟有孤愤，不免逃逸，今日遂行。书此为别，汝等好将息，万古万万古！"（杨万里：《诚斋集》卷一三三）又书十四言别妻子，笔落而逝。

"君子必慎交游焉"，陆游在交友方面非常审慎。他一生中交友很多，读书时、入仕后都有不少情投意合的朋友，甚至在朝中任职期间也有一拨时常过往的同僚。细细考察陆游所交往的人，就可以从中看出，他的交友原则不是以利相交，也不像一般士人官僚那样以同乡、同年为纽带拉圈子，他是以同道为朋的。

陆游善交游，结识了很多具有隐逸经历或者隐逸情怀的志同道合之人。叶绍翁《四朝闻见录三则》中说陆游"天资慷慨，喜任侠，常以踞鞍草檄自任。且好结中原豪杰以灭敌，自商贾仙释诗人剑客，无不遍交"。

年长陆游四十四岁的朱敦儒，是宋代词坛上著名的隐士之一。少年时志行高洁，虽是一介布衣，却在朝野中很有声望。靖康元年（1126），皇帝将他召至京师，拟授以学官，他无意于功名，坚辞不就，自我表白说“麋鹿之性，自乐闲旷，爵禄非所愿也”，以此为由辞还山。

周密《澄怀录》所记载的陆游语云：“朱希真居嘉禾，与朋侪诣之，闻笛声自烟波间起，顷之，棹小舟而至，则与俱归。室中悬琴、筑、阮咸之类。檐间有珍禽，皆目所未睹。室中篮缶贮果实、脯醢。客至，挑取以奉客，其诗云：‘青罗包髻白行缠，不是凡人不是仙。家在洛阳城里住，风吹铜笛过伊川。’”

朱敦儒避开了险恶的官场，远离喧嚣的都市，隐居在山明水秀的嘉禾。他或是放舟于烟波之间，闲游垂钓，或是经营花圃，或是饮酒睡觉，陆游曾钦慕地记叙了朱敦儒的这段优哉游哉的隐居生活。陆游等年轻的朋友慕名前去探访他，只听到湖上有笛声自烟波间飘来。询问附近邻人，邻人说：“这是岩壑先生吹笛的声音。”过了片刻，人影绰绰而至，朱敦儒划着小船登岸，然后带着客人一起回家。家里的墙上悬挂着琴、筑、阮咸之类乐器。屋檐下豢养着一些珍禽，都是陆游等人从来没有见过的禽类。大概是些野雉、孔雀、大雁、猫头鹰之类的野生禽鸟，不是常见的鸡、鸭。梁上悬挂着大大小小的篮子，里面放着各种各样的果实、脯醢，主人用竹竿挑下来，请宾客享用。悠闲富足的生活，让来访者不胜羡慕。

宋室南渡后，爱国成为时代的最强音，但统治者并不积极收复中原，甚而主张和议。这样的社会中，陆游经历了仕途的起起伏伏，这和朱敦儒的经历有了相似之处，朱敦儒先后经历过两次隐居生活：南渡前隐居洛川，致仕后隐逸嘉禾。他们都曾徘徊在仕途和隐逸的选择中，并且隐逸都成了最终的选择。

倦游官场的陆游对朱敦儒这种“自歌自舞自开怀，且喜无拘无碍”的逍遥自在的隐逸生活无限企慕，“虽不能至，然心向往之”，于是把自己在“百官宅”寓居的二间“甚隘而深，若小舟然”的小屋命名为“烟艇”，“虽坐容膝之室，而常若顺流放棹”，即是身居陋室而心怀烟波浩渺的隐逸生活。

宁宗庆元二年（1196），陆游七十二岁时，作《题吴参议达观堂堂榜盖朱希真所作也仆少亦辱知于朱公故尤感慨云》：“中原遗老洛川公，鬓须白尽双颊红。挥毫为君作斋榜，想见眼中余子空。余子碌碌何足数，独付庄周贾生语。看君践履四十年，始知此公不轻许。公今度世为飞仙，开卷使我神凛然。”写出了陆游对朱敦儒为人的崇拜和尊敬。

嘉泰二年（1202）十一月，陆游作《达观堂诗序》云：

> 朝请郎致仕吴公景先，少尝从洛川先生朱公希真问道，朱公为名所居堂曰达观，手书以遗之。且赋诗一章，属之，曰：“子为人深静简远，不富贵，必寿考，故吾以此事相期。”景先出仕五十年，不求速化，不治生产，位仅至二千石。晚为东诸侯客，遂引年以归，距八十不远，望其容貌，不腴不瘠，视听步趋如五六十人，非得朱公密传亲付，殆不能尔。朱公之逝甚异，世以为与尹先觉、谯天授、苏养直俱解化仙去，则吾景先亦其流亚欤？自朱公赋诗后，士大夫继作凡若干篇，属予为序。

陆游对朱敦儒的介绍体现了对朱希真赏识的感激；对朱敦儒以得道仙人视之，并对其逝世的情景加以神化，这也从侧面反映出他对朱希真的仙人之态的推崇。

陆游年轻时曾受知于朱敦儒，为学与为人都受朱敦儒的熏陶。朱敦儒在“胡尘卷地，南走炎荒”的艰苦岁月中备历忧患，却依然讲学不辍。陆游《跋朱希真所书杂钞》说：“朱先生与诸贤，当建炎间裔夷南牧、群盗四起时，犹相与讲学如此。吾辈生平世，安居乡里，乃欲饱而嬉，可乎？”朱敦儒在战火纷飞的年月不为外物所动，“与诸贤相与讲学”，陆游视之为楷模，自己虽老，且病痛缠身，仍要全力以赴地读书治学，自称“既老且病，犹不置读书”。

墨子在《所染篇》中说：“染于苍则苍，染于黄则黄，所入者变，其色亦变，五入必，而已则为五色矣！故染不可不慎也！”若所交俱英才及忠厚有德者，其益不可胜言，陆游饱读经史，深以为然，因此，他十分注重子孙对于朋友的选择，告诫其“勿与浮薄者游处”。

第五节　棋子声疏识苦心

琴声、棋趣、书韵、画事，向被当作文人雅事。

弈者，围棋也，它是中国的一种流传最为久远的棋戏。张华在《博物志》中说："尧造围棋而丹朱善围棋。"或云："尧造围棋以教子丹朱，或曰舜以子商均愚，故作围棋以教之，其法非智莫能也。"相传围棋为尧舜所发明，这个说法虽然并不可信，但反映了围棋的起源很早。对弈在春秋战国时已很流行，就出现了《孟子·告子章句上》中记载的"弈秋"那样举国闻名的高手，其云："弈秋，通国之善弈者也，使弈秋诲二人弈，其一人专心致志，惟弈秋之为听。一人虽听之，一心以为有鸿鹄将至，思援弓缴而射之，虽与之俱学，弗若之矣。"自此以降，对弈便成为中国民间广为流行的一种游戏。

这古老之"弈"本为玩物，班固在其《弈旨》中，却从"道"的角度确立了围棋的正面意义："局必方正，象地则也；道必正直，神明德也；

棋有白黑，阴阳分也；骈罗列布，效天文也。四象既陈，行之在人，盖王政也……或虚设预置，以自护卫，盖象庖羲网罟之制；堤防周起，障塞漏决，有似夏后治水之势。一孔有阕，坏颓不振，有似瓠子泛滥之败。……作伏设诈，突围横行，田单之奇，要厄相劫，割地取偿；苏张之姿……中庸之方，上有天地之象，次有帝王之治，中有五霸之权，下有战国之事。览其得失，古今略备。”

如班固所言，展开一方棋盘，天地方圆便尽在其中了。围棋虽然只是作为一种竞技游戏存在，却蕴藏着阴阳、八卦、天文相通，兆知天地万物之变化，包含着古人对天文数理的观察与理解。围棋与《易经》关系密切，“夫《易》，圣人作之，凡吉凶消长之理，进退存亡之义，毕具其中。而其错综变化、出有入无之妙，乃至于包络之才，囊括万里，不可以象探，不可以辞达。微善学者，归淫于岁月之久，覃精研虑，心摹而手追，优悠而渐入之，未易窥其涯岸也。弈亦犹是也。而世之弈者不寻旨趣，墨守成迹，偶窃其一知半解，而遽自负曰：‘吾进乎技矣！’噫！是乌足与之论弈哉”（《官子谱》序）。论述了弈之“道”和《易经》之“道”是“相表里”的。可惜的是，弈与《易经》到底是什么关系，二者之“道”相通之处在哪里，朱弘祉却说不出来。

形式上，黑白子，一阴一阳，黑者为阴，白者为阳。著名的棋学著作《棋经十三篇》中的“论局篇”讲：“夫万物之数，从一而起。局之路，三百六十有一。一者，生数之主，据其极而运四方也。三百六十，以象周天之数。分而为四，以象四时。隅各九十路，以象其日。外周七二路，以象其候。枯棋三百六十，白黑相半，以法阴阳。局之线道，谓之枰。线道之间，渭之界，局方而静，棋圆而动。”围棋渗透着《易经》所说的阴阳、动静、多寡、盈亏相对消长之理，论局篇便是弈棋与《易经》最为经典的阐述。

“大《易》中含造化机，王何元未造精微。”《易经》被誉为群经之首、大道之源，陆游非常重视它。陆游将《易经》看作排解烦忧的良方，不时阅读来寻找心灵的慰藉，常常手执《周易》一卷，“道室焚香勤守白，虚窗点《易》静研朱”。焚香默坐，进入一种与世隔绝、心平气凝的状态，与古圣贤进行精神上的交流。

道家追求的境界自然、宁静与和谐，正是围棋“坐隐”“忘忧”的独特意趣，于是方寸棋枰对陆游来说也就具有了非同一般的意义。围棋不再是以求胜为终极目标的游戏，而被赋予更多的意义：一方面，黑白世界为陆游提供一种精神寄托，使他隐于其中陶情怡性，体味风流儒雅、飘逸超脱的情趣，暂时忘却现实生活中的烦恼；另一方面，围棋的玄妙境界可助他知机达理，钩深洞微，寓教于棋，追寻精深博大玄秘无端的义理。

陆游对围棋甚为痴迷，他写有大量棋诗，是宋代咏棋散句最多的诗人，如“遣醉纵横驰笔阵，乘闲谈笑解棋围”“履路缘虚壁，棋轩枕小滩”“免水晨淡药，灯窗夜覆棋”“棋局每坐隐，屏山时卧游”“窗下初收剥啄棋，疏帘窣地画阴移”“此生犹著几两屐？长日惟消一局棋”“漠漠春寒罢对棋，霏霏春雨却催诗”“排闷与儿联小句，破闲留客战枯棋”“晓枕呼儿投宿酒，暮窗留客算残棋”“畦地闲栽药，留僧静对棋”“陆生于此寓棋局，曾丈时来开酒博”“剑南七月暑未退，明日更携棋簟来”“心常凝不动，形要小劳之。活火闲煎茗，残枰静拾棋”。陆游咏弈，无一不是出自自己的生活经历，无论居家、出游、山中、林下、清早、深夜，甚至梦里与病中，都不忘围棋。没想到这位壮怀激烈、雄心不已的爱国诗人，在日常生活中还有“嗜棋”的一个侧面。

中国士大夫往往在喧嚣烦杂的现实生活中感到浮华躁动，围棋正好给士大夫一种启迪，成为他们寻找内心平静的一种解脱方式，他们用空灵的心境超越尘世烦扰，用寂灭的情怀观照万事万物，从而获得一种安宁、纯净的喜悦，甚至连喜悦本身也消失融化了那种空寂淡远的心境。

清人论咏弈诗，以陆游“诗思长桥蹇驴上，棋声流水古松间”及“茶炉烟起知高兴，棋子声疏识苦心”两联“为最超妙”。对此，方回《瀛奎律髓》卷二十三评赏曰：“‘茶炉烟起知高兴’，此谓不入庵而遥见煮茶之烟，想象此僧之不俗也。‘棋子声疏识苦心’，则妙之又妙矣。闻棋声而不得观其棋，固已甚妙；于棋声疏缓之间想见棋者用心之苦，此所谓妙之又妙也。”诗中的陆游并没有将自己的感情直接表达出来，却在这样的幽人、幽景、幽声中，将博弈这一行为本身，与自己内心世界中冲远、恬淡、淡泊的生活情趣和人生追求结合起来，他所追求的，正是寄情于棋枰之上，以暂时忘却现实生活中的烦恼。

陆游痴迷于围棋，大抵是因为围棋的“坐隐”之意，恰恰和自己的隐逸思想相通。陆游崇尚隐逸精神，源于其先人陆通。据学者张振谦分析，陆游道教信仰有家族传承渊源。他在《宋山阴陆氏重修宗谱序》中称陆通为其始祖，晋代《高士传》载：“陆通，字接舆，楚人也。好养性，躬耕以为食。楚昭王时，通见楚政无常，乃佯狂不仕，故时人谓之楚狂。”关于陆通的事迹，见于记载的还有《庄子·逍遥游》：“肩吾问于连叔曰：‘吾闻言于接舆，大而无当，往而不返。吾惊怖其言，犹河汉而无极也；大有径庭，不近人情焉。’连叔曰：‘其言谓何哉？’曰：‘藐姑射之山，有神人居焉。肌肤若冰雪，绰约若处子。不食五谷，吸风饮露；乘云气，御飞龙，而游乎四海之外。其神凝，使物不疵疠而年谷熟。’吾以是狂而不信也。”可以看出，生活在春秋时期的陆通是一个生逢乱世却不同流合污，清高而狂野的隐逸之士。陆游一直以这位始祖而自豪，其《广都道中呈季长》诗中云“天上石渠郎，能来伴楚狂”，《遗兴》云“素怀华渭嗟谁问，且作狂歌楚接舆”，《山居》云“但恨相逢无鲁叟，浩歌小试接舆狂”，甚至直接以“接舆狂”自称：“东家却笑接舆狂。”他八十岁所作《草堂》诗中还云“浩歌陌上君无怪，世谱推原自楚狂”，并自注：“陆氏旧谱云：本出接舆后。”八十四岁时所作的《初夏喜事》亦云：“茹芝却粒虽无术，散发犹当效楚狂。”可见，陆通道隐生活及其狂狷性格对陆游影响颇大。

陆游隐逸，起因是迫不得已的回避。“驿外断桥边，寂寞开无主。已是黄昏独自愁，更着风和雨。无意苦争春，一任群芳妒。零落成泥碾作尘，只有香如故。”（《卜算子·咏梅》）陆游借梅花表达自己的理想志趣：驿外断桥，寂寞自开，黄昏之时，风雨交加，遭遇如此，故只有独自生愁。梅花凌寒而开，无意与百花争春，一个“苦”字，写出了对争宠者奔竞、争逐的鄙夷，自然也包含着对主和派的冷然相对。无意于争春，只是出于一片赤诚，所以如果“群芳”有妒心，也就让她们去妒忌吧，梅花并不需要为自己辩解。所要表白的是，即使自己飘零坠落，被碾成了泥土，但芳心不会改变，香气依然如故。陆游自幼爱国，必然不忘恢复失地、统一北方，但朝中主和势力很大，高宗统治多年，从无北伐之志，孝宗继位后，曾想有所作为，但在“符离战败”后即放弃北伐，签订了“隆兴和议”。

所以“驿外断桥边，寂寞开无主”的寒梅，的确是陆游等主战派处境的写照。当时“忠臣”因谏遭诛，因言害命，使陆游深感在官场上不仅无力补天，而且稍不小心就招致杀身之祸，不如退避山野江湖。因此他在壮志难酬的现实中，也常常流露出隐逸之情。对于陆游来说，隐不光是退避，而且是另一种表示自我价值的方式。这从陆游借梅花以明志就可以看出，他表示决不会放弃自己的主张，改变自己的初衷；决不会与主和派为伍，去阿谀逢迎，谄媚邀宠。可以说，陆游是以“隐”来表示自己对现实不满的态度，不与官宦同流合污而独善其身，以示节操高洁、意趣高远。

围棋虽然是一门你死我活、厮杀争斗的游戏，下棋的最高目标就是获取胜利，也可谓戎机凶险，杀气逼人，虽无硝烟纷飞，却也短兵相接，棋枰搏杀同样令人动魄惊心！但在追求“以棋悟道”的陆游的笔下，却不以胜负萦怀，而是在棋中求一份人生真趣。无论是“随风花堕残棋上，引睡书抛倦枕傍”的平淡冲远，还是“细锻诗聊凭棐几，静思棋劫对楸枰”的清冷澄净；无论是“恰来竹下寻棋局，又向沙边上钓舟”的静谧宁静，还是“棋枰散后轩窗静，梅坞归来襟袖香”的自然适意，围棋诗歌中少了许多刀光剑影中的杀气，染上了几分水月相忘的禅意。

静静的深院、清影摇摇的竹林、幽香醉人的花间、碧水环绕的水阁、雪满窗棂的暖室，在这样宁静冲淡的意境中，陆游专注于棋子起落，完全融入到那棋盘世界的方寸之间，心无旁骛，身体竟然也如雕像般沉浸其中。如遇势均力敌之对手，则冥思苦索，“一局枯棋忘日月”，有时竟然连时间的流逝都没有注意到。想来在这空灵澄澈的幽静氛围中，此时的他应是淡然寂寥的心境。

第六节　心空万象提寸管

绍兴市区鲁迅宅院附近的沈园，处处弥漫着断肠人的诗意。沈园和陆游的关系，还要从陆游题在园壁上的那首词《钗头凤》说起。

一阕《钗头凤》，挽不回往日的笑语，却让沈园成了情爱圣地而名扬天下。

> 红酥手，黄縢酒。满城春色宫墙柳。东风恶，欢情薄。一怀愁绪，几年离索。错，错，错。　春如旧，人空瘦，泪痕红浥鲛绡透。桃花落，闲池阁。山盟虽在，锦书难托。莫，莫，莫！

词中蕴含着一个哀怨的爱情故事，据《齐东野语》等书记载与近人考证：陆游于高宗绍兴十四年（1144）二十岁时与母舅之女唐氏结琴瑟之好，婚后“伉俪相得”。

> 少狂欺酒气吐虹，一笑未了千觞空。凉堂下帘人似玉，月色泠泠透湘竹。三更画船穿藕花，花为四壁船为家。不须更踏花底藕，但嗅

花香已无酒。花深不见画船行，天风空吹白纻声。双桨归来弄湖水，往往湖边人已起。

陆游与唐氏终日琴书相合，诗酒流连。这让一心盼望儿子陆游金榜题名，以便光耀门庭的陆母大为不满，对儿媳大加训斥，责令她以丈夫的科举前途为重，淡薄儿女之情。但陆、唐二人情意缠绵，无以复顾。终于，陆母借故责令陆游休了唐氏。陆游心中悲如刀绞，但素来孝顺的他，面对态度坚决的母亲，除了暗自饮泣，别无他法。迫于母命，陆游只得答应把唐氏送归娘家。后来唐氏改嫁赵士程，陆游也另娶王氏。

转眼几年过去了，到了绍兴二十五年（1155）三月五日，相传这天是大禹的生日，山阴人不论男女老少，倾城俱出，携带酒食，来禹庙游赏。禹庙在城东南数里，附近还有禹陵、禹池、禹穴亭多处景观，四周群山环抱，松竹青翠，到这里拜禹庙，踏青游春，成了山阴人的习俗。这天，陆游也随着人流来到禹庙，不知不觉中逛到附近的沈园。正是人间四月天，沈园里垂柳弄姿、水榭迎风、春光绮丽，甚是幽雅宜人。陆游独自一人享受着“小园香径独徘徊”的惬意与落寞。踟蹰间，猝然与一对璧人相遇，他一时竟惊愕失声。原来，陆游遇到的正是自己曾经的爱妻。陆游虽已再婚，但亦故剑情深，万种情思，一时俱上心头，故而在园壁上题下这首词，记其苦思深恨。

陆游终其一生，都未能忘情。与唐琬离异后浪迹天涯数十年，始终无法抚平心中的伤痛……待他倦游归来，心上人早已香消玉殒，自己也已至垂暮之年，然而对旧事、对沈园依然情不能已，据《齐东野语》记载：“翁居鉴湖之三山，晚岁每入城，必登寺眺望，不能胜情。”到他八十一岁时，还梦入沈园，“路近城南已怕行，沈家园里更伤情”“城南小陌又逢春，只见梅花不见人”……直至离世前一年，才“也信美人终作土，不堪幽梦太匆匆”。

这段哀婉悲戚的故事，在陆游的诗集中有蛛丝马迹可寻，而宋朝人陈鹄自述曾亲见这堵题有《钗头凤》的墙壁，并且在他所著《耆旧续闻》中记载下来。其文曰：“余弱冠客会稽，游许氏园，见壁间有陆放翁题词，笔势飘逸。……淳熙间，其壁犹存，好事者以竹木护之，今不复存矣！”

作为爱情见证的题壁，阅尽春秋，早已倾倒，重修时，捡拾前代的砖头，砌成一条断垣，断垣旁边则是一块碑石，题着《钗头凤》词原文，放翁手笔早已失落无踪，而由现代人夏承焘先生补题。

世人皆关注渴望“上马击狂胡，下马草军书”这样一个豪气冲天的大丈夫，也有个人家庭的悲欢离合，儿女之情的缠绵悱恻，却鲜少了解陆游那些流传后世的屈指可数的书札、自书诗卷等墨迹。

陆游石刻像

陆游不仅是一般人眼中的伟大诗人，还是南宋书坛的领军人物，其书名被诗词所掩，不以书法名世，但把他的书法置于古今书坛，却足以抗鼎名宿。正如清人赵翼所总结的：“放翁不以书名，而草书实横绝一时……是放翁于草书，工力几于出神入化。惜今不传，且无有能知其善书者，盖为诗名所掩也。”陆游自谓“草书学张颠，行书学杨风”，他的行草功力尤深，朱熹称其书“笔札精妙，意致高远”，楷书也有深厚的功底。他被称为“南宋中兴四大家”之一，表明其在南宋书法史上的地位是相当重要的。

宋王朝南渡初期，赵构在政治上苟且偷安，任用奸相秦桧，残害忠良，对金人则一味求和，割地称臣，力保小朝廷的苟延。然而，他在文学艺术方面有着突出成就。他酷嗜翰墨，精于书法，笔法洒脱婉丽，自然流畅，清秀古朴，且具有六朝遗韵，堪称一代真书名迹，曾自言：“凡五十年间，非大厉害相妨，未始一日舍笔墨。故晚年得趣，横斜平直，随意所适，至作尺余大字，肆笔皆成，每不介意。至或肤腴瘦硬，山林丘壑之气，则酒后颇有佳处。古人岂难到也！”

上有提倡，下必风靡。在书坛，也出现了陆游、范成大、张孝祥等代表南宋书风的书家。陆游以诗歌显名，但对书法的投入与执着是其他三人没法比拟的。

学习书法，贵在多练，借鉴前人的经验，掌握一定的方法是必要的，但更重要的还需勤学苦练，持之以恒。古今书法家，无一不是勤学苦练而成的。古代流传有很多苦学书法的佳话，例如：张芝临池，池水尽墨；钟繇入山练字十年，木石皆黑；智永登楼练字不下四十年，退笔成冢；康里巎每日写一千字才进膳；等等。这些传说不一定是史实，但说明了古人学书法的刻苦程度。初学书法也许会感到枯燥乏味，练起悬肘功夫也较费力，这就需要以古人的刻苦精神激励自己。难怪苏轼要说“笔成冢，墨成池，不及羲之即献之；笔秃千管，墨磨万锭，不作张芝作索靖”。

“临池勤苦今安有？漏壁工夫古亦稀。”陆游承先贤刻苦之功，自然也不例外，从其诗作中可以知道他是如何锤炼自己的技法的。他从学习晋唐法帖起步，以承传前人经典为重心，在临帖上下了许多功夫。从儿嬉时代起至耄耋之年，他在读书、作诗、为文之余，一生都在临习晋、唐书帖，常常是“午窗弄笔临唐帖，夜几研朱勘楚词”，可见其练习书法的刻苦程度。陆游终身自觉、刻苦地学书法，直至垂暮之年，仍然不辍：“九月十九柿叶红，闭门学书人笑翁。世间谁许一钱直，窗底自用十年功。老蔓缠松饱霜雪，瘦蛟出海拿虚空。即今讥评何足道，后五百年言自公。”（《学书》）一个“学”字，道出了多少谦虚！谦虚却又信心十足，陆游对书法有十年功自得不已，想来炫耀之时，老诗翁的那副尊容一定是颇为可爱的。

陆游在书法上的起步得益于家族深厚的文化修养。虽然其祖辈陆轸、陆佃和父亲陆宰在书法史上未见有名，但他们却为好学多才的陆游留下了大量的先贤笔札和丰富的碑帖资料，正是在学习大量家藏法书的基础上，陆游“得笔法之梗概”。他转益多师、博采众长，在《暇日弄笔戏书》中也这样说道：“草书学张颠，行书学杨风。”其书法作品呈现出“同三才之品汇，备万物之性情”的风貌。

陆游得家中藏书丰厚之裨益，一方面在这些“故纸堆”中得到丰富养料，另一方面又继续着力搜集碑拓墨迹，广涉古代名迹。朱启新先生《文物百话》中曾记载一则陆游保护石刻名迹的佳话：陆游早年赴福州宁德县时，路过罗源县走马岭，在荆棘丛中的石崖上发现北宋书法家苏舜元手迹，笔力遒劲，奇古可爱，他特地告诉当地县令项膺服，要做些栏杆妥善加以保护。

“古代文人苦练书法，也就是在修炼着自己的生命形象……‘非人磨墨墨磨人’，是啊，磨来磨去，磨出了一个个很地道的中国传统文人。只有把书法与生命合而为一的人，才会把生命对自然的渴求转化成笔底风光。”中国书法最讲究字外功的修炼，要求书法家研究书理，博通书史。古往今来，凡是在书法创作上取得突出成就者，莫不是大学问家，字里行间无不流露出作者的文化追求：高尚的道德品格、广泛的艺术修养、丰富的知识积累、宽广的眼界和胸怀。

中国书法无时无刻不在表现书写者的才学和志向，字里行间无不反映出书法家的品格修养。“学书不过一技耳，然立品是第一关头。品高者，一点一画，自有清刚雅正之气；品下者，虽激昂顿挫，俨然可观，而纵横刚暴，未免流露楮外。”（清·朱和羹：《临池心解》）古人将书法与人品修养对应起来看，认为人品学养构成书家的立身之本。学习书法不过是一种才能和技巧，但立品最重要，是第一关。

“书以人重”也成为古代书法家的一贯思想观念和品评准则。清人松年对此做了最好的诠释：“书画清高，首重人品。品节既优，不但人人重其笔墨，更钦仰其人。唐、宋、元、明以及国朝诸贤，凡善书画者，未有不品学皆长，居官更讲政绩声名，所以后世贵重，前贤已往，而片纸只字皆以饼金购求。书画以人重，信不诬也。历代工书画者，宋之蔡京、秦桧，明之严嵩，爵位尊崇，书法文学皆臻高品，何以后人吐弃之，湮没不传？实因其人大节已亏，其余技更一钱不值矣。”（清·松年《熙园论画》）

颜真卿的“忠义光明”、柳公权的“心正则笔正”、蔡襄的“才德俊伟”、文天祥的“浩然正气”、黄道周的“不谐流俗”……“古之论书者，兼论其平生，苟非其人，虽工不贵也。”堂堂正正地做人，摒弃歪风邪气，摒弃矫揉造作，张启阳刚之气，养蓄浩然正气，做到胸怀坦荡，这样才能使作品的格高、意远、境妙，才有生动气韵。

清人翁方纲在《读剑南诗八首》中对陆游的书法作品评价说：“醉扫行草书，瘦蔓饱秋霜。宜州三钱笔，无比发老狂。后有江门茅，安得窃比量。是乃忠义气，发挥于文章。有镌陆书者，正与诗相当。”道出了陆游书作的精魄。

“言为心声，书为心画。”后世很多评者都看到了陆游的忠义人品与书法的关系，陆游的远孙溥洽在《放翁诗卷跋》中写道：“吾祖放翁老人，以诗文鸣于宋。虽不以书学显，观其手泽，跌荡苍古，无一笔不合古人遗法，而况词章字画发乎忠肝义胆者哉。”

“倾家酿酒三千石，闲愁万斛酒不敌。今朝醉眼烂岩电，提笔四顾天地窄。忽然挥扫不自知，风云入怀天借力。神龙战野昏雾腥，奇鬼摧山太阴黑。此时驱尽胸中愁，搥床大叫狂堕帻。吴笺蜀素不快人，付与高堂三丈壁。”读罢陆游的《草书歌》，如看古战场千军万马奔驰，如听黄河怒涛汹涌澎湃，他的报国无门、他的壮志难酬、他的满腔怨愤如山洪暴发，一泻千里，在刹那间通过笔端在纸上定型，“苍劲奔放、瘦韧圆润、穿插精妙、笔墨飞动的磅礴气势，大有张旭的颠、怀素的狂，韵味无穷”。

理想高远的陆游，为大宋的统一奋斗了一生，呐喊了一生，虽然“胸中磊落藏五岳”，可是却“欲试无路空峥嵘”，只得将“平生江湖心，聊寄笔砚中”，借助于手里的一管毛笔和案桌上一页白宣，唯将一片丹心寄意在书法之中，豪迈宏放中又显沉郁苍劲，既洋溢着英雄主义的激情，也饱含着悲愤的感慨。

参考文献

[1]朱翔宇.陆游书法研究[D].郑州：郑州大学，2017.

[2]朱如意.陆佃诗歌研究[D].成都：西南交通大学，2017.

[3]李玉晗.陆游诗中的儿童形象研究[D].昆明：云南大学，2016.

[4]王娜娜.陆游序跋文研究[D].长春：吉林大学，2016.

[5]覃娥.南宋中兴时期田园诗研究[D].黄石：湖北师范学院，2015.

[6]王芳芳."鉴湖诗"研究[D].南京：南京师范大学，2015.

[7]王鑫.陆游情词研究[D].长春：吉林大学，2015.

[8]白金花.陆游诗歌的地域文化研究[D].汉中：陕西理工学院，2014.

[9]胡欢欢.陆游教育诗研究[D].合肥：安徽大学，2014.

[10]李广莹.陆游隐逸词研究[D].保定：河北大学，2014.

[11]倪海权.陆游文研究[D].哈尔滨：哈尔滨师范大学，2012.

[12]赵培峰.陆游书法艺术研究[D].锦州：渤海大学，2012.

[13]张啊咪.陆游诗歌意象研究[D].福州：福建师范大学，2012.

[14]马志华.陆游论书诗探论[D].兰州：兰州大学，2012.

[15]管舒.论陆游乡居诗中的“太平气象”[D].芜湖：安徽师范大学，2012.

[16]马寅.陆游入蜀研究[D].重庆：重庆师范大学，2011.

[17]赵永平.陆游散文研究[D].桂林：广西师范大学，2011.

[18]马冬艳.陆游读书诗研究[D].长春：东北师范大学，2010.

[19]黄海霞.《老学庵笔记》研究[D].济南：济南大学，2010.

[20]张媛.陆游山阴闲适诗歌研究[D].呼和浩特：内蒙古大学，2010.

[21]刘雅娴.陆游山水行旅诗论[D].合肥：安徽大学，2010.

[22]王润芳.“南宋四家”之陆游书法研究[D].开封：河南大学，2010.

[23]姜春霞.陆游农事诗研究[D].曲阜：曲阜师范大学，2010.

[24]胡金佳.陆游“汉中诗词”研究[D].汉中：陕西理工学院，2010.

[25]邢瑞.陆游民俗诗初探[D].泉州：华侨大学，2009.

[26]宋淑敏.陆游民俗诗研究[D].武汉：华中科技大学，2008.

[27]顾云艳.论陆游的茶诗与茶事[D].无锡：江南大学，2008.

[28]李彦灵.陆游笔下“湖中隐者”形象研究[D].湘潭：湘潭大学，2008.

[29]谢进昌.陆游乡居诗研究[D].汕头：汕头大学，2008.

[30]赵阳.陆游“南郑情结”述论[D].上海：华东师范大学，2008.

[31]农辽林.陆游晚年闲适诗研究[D].福州：福建师范大学，2007.

[32]董小改.论陆游川陕诗歌及其“功夫在诗外”[D].西安：陕西师范大学，2007.

[33]洪清云.陆游咏物诗研究[D].福州：福建师范大学，2007.

[34]郑砚云.陆游题跋文研究[D].西安：陕西师范大学，2007.

[35]付玲玲.陆游茶诗研究[D].曲阜：曲阜师范大学，2006.

[36]吴其付.陆游宦游生涯的景观变迁[D].成都：四川师范大学，2005.

[37]渠延梅.《孝经》研究[D].济南：山东师范大学，2010.

[38]伍敏敏.《孝经》孝道思想研究[D].长沙：中南大学，2011.

[39]黄宝权.宋代家庭教育研究[D].开封：河南大学，2009.

[40]刘江山.宋代家训研究[D].西宁：青海师范大学，2015.

[41]杨凯.宋代劝学诗研究[D].沈阳：沈阳师范大学，2016.

[42]吴春秋.宋代洗儿诗与示儿诗研究[D].湘潭：湖南科技大学，2012.

[43]阎爱民.中国古代的家教[M].北京：商务印书馆，2013.

[44]李国章，赵昌平.中华文史论丛：第76辑[M].上海：上海古籍出版社，2004.

[45]于北山.陆游年谱[M].上海：上海古籍出版社，2006.

[46]中国陆游研究会.陆游与鉴湖[M].北京：人民出版社，2011.

[47]朱睦卿.陆游严州诗文笺注[M].杭州：浙江大学出版社，2013.

[48]邱鸣皋.陆游评传[M].南京：南京大学出版社，2002.

[49]王新龙.陆游文集：上[M].北京：中国戏剧出版社，2011.

[50]王新龙.陆游文集：下[M].北京：中国戏剧出版社，2011.

[51]徐潜.中国古代文学巨匠[M].长春：吉林文史出版社，2014.

[52]高利华.亘古男儿：陆游传[M].杭州：浙江人民出版社，2007.

[53]上海辞书出版社文学鉴赏辞典编纂中心.陆游诗文鉴赏辞典[M].上

海：上海辞书出版社，2013.

[54]周先慎.中国文学十五讲[M].北京：北京大学出版社，2003.

[55]《名作欣赏》杂志社.宋元文学名作欣赏[M].北京：北京大学出版社，2012.

[56]熊艳娥.陆龟蒙研究[M].西安：陕西师范大学出版社，2012.

[57]何桂美.古代家庭道德教育[M].武汉：中国地质大学出版社，2010.

[58]马镛.中国家庭教育史[M].长沙：湖南教育出版社，1997.

[59]姜锡东，李华瑞.宋史研究论丛：第七辑[M].保定：河北大学出版社，2006.

[60]刘海峰.二十世纪科举研究论文选编[M].武汉：武汉大学出版社，2009.

[61]粟时勇，李忠晨.文官之选任[M].北京：国家图书馆出版社，2014.

[62]薄克礼，于广杰.中国传统文化导论[M].北京：对外经济贸易大学出版社，2013.

[63]何云波.弈境——围棋与中国文艺精神[M].北京：北京大学出版社，2006.

[64]张振谦.道教文化与宋代诗歌[M].北京：人民文学出版社，2015.

[65]张铁夫，季水河，屠国元.湖湘文化与世界文学丛刊：第4辑[M].长沙：湖南文艺出版社，2006.

[66]欧明俊.陆游研究[M].上海：上海三联书店，2007.

[67]祝尚书.宋代科举与文学[M].北京：中华书局，2008.

[68]陆德文，陆铮.吴郡陆氏春秋[M].上海：上海科学普及出版社，2009.

[69]刘海峰，李兵著.学优则仕——教育与科举[M].长春：长春出版社，2004.

[70]邓乔彬.唐宋词艺术发展史：下[M].芜湖：安徽师范大学出版社，2013.

[71]程千帆，吴新雷.程千帆全集：第13卷[M].石家庄：河北教育出版社，2000.

[72]冯晓霞.浙东藏书史[M].杭州：浙江工商大学出版社，2013.

[73]傅璇琮，谢灼华.中国藏书通史：上[M].宁波：宁波出版社，2001.

[74]方建新.南宋藏书史[M].北京：人民出版社，2013.

[75]苗书梅，葛金芳.南宋全史：第3卷[M].上海：上海古籍出版社，2012.

[76]焦树安.中国藏书史话[M].北京：中国国际广播出版社，2011.

[77]徐凌志.中国历代藏书史[M].南昌：江西人民出版社，2004.

[78]张兴武.两宋望族与文学[M].北京：人民文学出版社，2010.

[79]吴熊和.陆游论集[M].长春：吉林文史出版社，1987.

[80]秦永洲，杨治玉.以孝治国——孝与家国伦理[M].北京：中国国际广播出版社，2014.

[81]池万兴，刘怀荣.梦逝难寻——唐代文人心态史[M].石家庄：河北教育出版社，2001.

[82]丁辉，陈心蓉.嘉兴历代进士研究[M].合肥：黄山书社，2012.

[83]谢艳明.名字与文化[M].上海：上海交通大学出版社，2015.

[84]陆游.家世旧闻[M].北京：中华书局，1985.

[85]朱彧，陆游.历代笔记小说大观——萍洲可谈老学庵笔记[M].上海：上海古籍出版社，2013.

[86]朱东润.陆游传[M].天津：百花文艺出版社，2010.

[87]欧小牧.陆游传[M].成都：成都出版社，1994.

[88]欧小牧.陆游年谱[M].北京：人民文学出版社，1981.

[89]孔凡礼，齐治平.陆游资料汇编[M].北京：中华书局，1962.

[90]齐治平.陆游传论[M].长沙：岳麓书社，1984.

[91]中国陆游研究会.陆游与越中山水[M].北京：人民出版社，2006.

[92]马荣江.吴郡二陆文学研究[M].北京：社会科学文献出版社，2014.

[93]张兴武.两宋望族与文学[M].北京：人民文学出版社，2010.

[94]陈寿灿.以德齐家——浙江家风家训研究[M].杭州：浙江工商大学出版社，2015.

[95]东方史.千古之谜——帝王将相篇[M].北京：光明日报出版社，2003.

[96]石建国.外交总长陆征祥[M].福州：福建教育出版社，2015.

[97]张希清，毛佩琦，李世愉.中国科举制度通史：宋代卷[M].上海：上海人民出版社，2015.

[98]姚治勋.排斥异己是王安石变法失败的重要原因[J].南京：南京大学学报，2005（2）.